新 潮 文 庫

ウナギが故郷に帰るとき

パトリック・スヴェンソン
大 沢 章 子 訳

新 潮 社 版

11787

目次

ウナギが故郷に帰るとき

それから数年後同じ川原で
夜に立っていると
恐怖が孵化《ふか》したかのように
ウナギが水草の原を通り抜けて流れの方に動いていった
——シェイマス・ヒーニー
（『シェイマス・ヒーニー全詩集１９６６〜１９９１』）

Ⅱ　ウナギ

　ウナギはこんなふうにこの世に生まれる。場所は大西洋北西部のサルガッソー海。そこは、あらゆる点でウナギの創造にふさわしい場所だ。サルガッソー海、とは言ってもその範囲はじつは曖昧《あいまい》で、むしろ海の中の海といったほうが当たっている。どこから始まり、どこで終わるのかはっきりしない。というのも、この海にはこの世の普通の尺度が当てはまらないからだ。サルガッソー海はキューバ島やバハマ島のやや北東寄り、北米海岸の東側を常に漂流し続けている。サルガッソー海は夢に似ている。たいていの夢は、どこからが夢でどこからが現実かわからない。わかるのは自分が確かにそこに存在していたということだけだ。

　サルガッソー海のこの移ろいやすさは、この海が陸地に囲まれていないことに起因する。陸地の代わりに、四つの大きな海流に囲まれている。生命を与えるメキシコ湾流が西側を、それに連なる北大西洋海流が北を、東をカナリア海流、さらに南を北赤道海流が取り囲む。広さ五〇〇〇万平方キロメートルのサルガッソー海は、海流に閉じ込められたこの海域を、暖水渦のようにゆっくりと渦を巻きながら漂っている。いったんそこに入り込んだものは、そう簡単には抜け出せない。

水は澄んだ濃い青色で、ところによっては水深七キロメートルにも達する。海面は、サルガッサムと呼ばれる粘り気のある褐色の海藻の絨毯《じゅうたん》で覆《おお》われていて、それがサルガッソー海の名の由来である。海面をおよそ一キロメートルにわたって覆い尽くすこの浮遊する海藻のかたまりが、微小な無《む》脊椎《せきつい》動物、魚やクラゲ、カメ、エビ、カニなどの多種多様な生物を守り、育《はぐく》む役割を果たしている。そしてさらに深い所では、別種の海藻や植物が生い茂っている。闇《やみ》の中に生命が満ち溢《あふ》れている。夜行性の森さながらに。

そこが、ヨーロッパウナギ、学名 Anguilla anguilla が生まれる場所だ。春にウナギの成体が卵を産み落とし、その卵が受精する場所だ。この、安全な深海の暗闇で、驚くほど小さな頭部と未発達な目をもつ小さな幼虫のような生命が活動を始める。レプトセファルスと呼ばれるこの幼生は、柳の葉に似た透明で平らな体をもち、体長はほんの数ミリに過ぎない。これが、ウナギの生活史の第一段階である。

透き通った柳の葉のような幼生は、生まれるとまもなく旅に出る。メキシコ湾流に押し流され、大西洋を何千キロも漂って、ヨーロッパ沿岸にたどり着く。この旅は、ときには三年がかりになることもある。そしてこの間に、幼生は少しずつ成長していく。風船が徐々に膨らんでいくように、一ミリ、また一ミリと大きくなり、ヨーロッパにたどり着く頃に最初の変態を遂げてシラスウナギとなる。ウナギの生活史の第二段階だ。

シラスウナギの体は、柳の葉型だった幼生時代とほとんど変わらず透明だが、体長は五〇～七五ミリに伸びてぬめりを帯びてくる。その透き通った体は、まるでどんな罪にも色にもまだ染まっていないかのように見える。海洋生物学者のレイチェル・カーソンの言葉（訳注『潮風の下で』より引用）を借りれば、「人の指よりも短く細いガラス棒のような形をしている」。この、弱々しくいかにも無防備なシラスウナギは、特にバスク地方で珍味とされている。

ヨーロッパ沿岸部にたどり着いたシラスウナギの多くは、大小様々な川を遡《さかのぼ》り、淡水の暮らしにすんなり適応してしまう。このときウナギはさらなる変態を遂げて黄ウナギとなる。体はヘビのようになって強靱《きょうじん》になり、目は相変わらず小さいが、黒目が際立《きわだ》ってくる。顎《あご》が頑丈そうに張り出してくる。エラは小さくほとんど目立たない。

薄く柔らかい背ビレと尻《しり》ビレが頭部のほうまで伸びてくる。透明だった体が、ついに茶色や黄色、灰色に彩《いろど》られ、手で触れても見てもわからないほど小さい鱗《うろこ》に全身が覆われる。まるで目に見えない鎧《よろい》を身に着けているかのように。シラスウナギが華奢《きゃしゃ》で弱々しいとすれば、黄ウナギは頑丈で屈強だ。これがウナギの生活史の第三段階だ。

　黄ウナギは、急流はもちろん、水草が生い茂る浅い流れも泳ぎ進むことができる。淀《よど》んだ湖を泳ぎ、穏やかな流れを遡り、激しい流れに逆らって大河をのぼり、生ぬるい池も泳ぎ渡る。必要とあらば沼地や水路も進んでいく。どんな環境にも屈せず、どこにも水路がないときは、次の水場まで湿った藪《やぶ》や草地を何時間も這《は》い進みさえする。つまりウナギは、魚らしくない魚なのだ。魚の自覚さえないのかもしれない。

　ウナギは倦《う》まず弛《たゆ》まず何千キロメートルも回遊し、ある日突然定住の地を見つける。ウナギに贅沢《ぜいたく》な望みはない。彼らにとって環境とは適応するものであり、我慢して慣れていくものだから——泥深い小川か湖底で、身を隠せるような岩のうつろと、必要最低限の食料さえあればそれでいい。一旦《いったん》住居を定めたウナギは、その後何年もそこにとどまり続け、たいていは半径数百メートルの範囲から出なくなる。たとえ外的な力によって移動させられても、必ず自分で選んだ住まいに大急ぎで戻ってくる。捕獲したウナギに無線送信機を取りつけて、何キロメートルも離れた場所で放したところ、

一、二週間以内に捕獲場所に戻ってきた、という調査報告もある。ウナギがどのように行くべき方向を見つけるかはわかっていない。

黄ウナギは独居性の生物だ。多くの場合、その活動期を孤独に過ごし、季節の変化に合わせて行動様式を変える。水温が低下する季節には、長期間、身動き一つせずに泥の中に身を潜め続け、ときおり、まるで汚れた毛糸玉のように他のウナギと絡《から》み合う。

ウナギは夜間に狩りをする。日が暮れかかると泥の中から姿を現して獲物を探し始め、見つけたものは何でも食べる。ミミズ、稚魚、カエル、ヘビ、昆虫、ザリガニ、魚。ときにはネズミや鳥のひなまで食べてしまう。死肉を漁《あさ》ることも辞さない。

こんなふうに、ウナギはその生涯の大部分を、黄褐色の体で、活動期と引きこもり期を交互に繰り返しながら過ごす。日々の食料と身を隠す場所さえあれば十分で、何の目的意識もないように見える。まるで、生きることは待つことであり、生きる意味は空白の時間や漠然とした未来の中に見つかるもので、ただ辛抱強く待つしかないと言わんばかりに。

そしてその生涯は長い。病気や惨禍を免れたウナギは、同じ場所で最長五〇年間も生きられる。スウェーデンでは、捕獲されたウナギが八〇年以上生きた例がある。神話や伝説には、一〇〇歳かそれを超えるウナギが登場する。ウナギは、その生涯における主要な目的――生殖――の機会を奪われると、永遠に生き続けるように見える。ウナギは、いつまでも待ち続けることができるかのようだ。

　しかし、野生のウナギはその一生のある時点、たいていは生まれてから一五年から三〇年ぐらいで、ふいに繁殖を思い立つ。どんなきっかけでそう決断するかは人間には知るすべもないが、この決断が下されると、それまでの穏やかな暮らしは一転、全く別の生活が始まる。ウナギは生まれた海を目指して泳ぎはじめ、その間に最後の変態を遂げる。くすんだ黄褐色だった皮膚の色がより明るくはっきりして、背中が黒ずみ、脇腹《わきばら》は銀色がかって横縞《よこじま》がうかぶ。まるで新たな決意を全身で表明しているかのようだ。こうして黄ウナギは銀ウナギとなる。ウナギの生活史の第四段階である。

　秋が来て夜空にウナギを守る闇のスクリーンが広げられると、銀ウナギは川を下って大西洋へと回帰し、サルガッソー海を目指す。このとき、まるで意図したかのように、銀ウナギの体は旅にふさわしく変化する。ここへ来てようやく、生殖器官が発達する。推進力を高めるために、ヒレが前より長く、大きくなる。目は、深海でもよく見えるように、より大きく、青くなる。消化活動が停止し、胃袋が消滅する――これから先は、必要なエネルギーはすべて身体《からだ》に蓄えられた脂肪に頼ることになる――ウナギの身体は魚卵もしくは魚精でいっぱいになる。外部のどんな力も、ウナギの目標達成を邪魔することはできない。

　銀ウナギは一日五〇キロメートル近く泳ぎ、ときには水深九〇〇メートルまで潜ることもある。この旅については、今もなおほとんどわかっていない。旅は六カ月間続くとも、冬の間は旅を中断するとも言われている。捕獲された銀ウナギでは、栄養をまったく摂《と》らずに最長四年生きた例があることが知られている。

　これは、存在に関わる説明のつかない決意のもとに取り組まれる、長く苦しい旅だ。けれども、サルガッソー海にたどり着いたその時、ウナギはようやく自分の生まれ故郷に戻ってくる。渦を巻いて浮遊する海藻の絨毯の下で、ウナギの卵は受精する。こうしてウナギの仕事は終わり、物語は完結し、ウナギは死んでいく。

2

川べりで

父が育った農場の脇を流れる小さな川で、僕は父からウナギ釣りを教わった。八月になると、夕方からふたりで車で出かけた。本道を左に折れて川にかかる橋を渡り、あぜ道より少し広い程度の泥道をジグザグと下っていくと、川に沿って走る道に出る。道のすぐ左側は畑で、山吹色に色づいた小麦の穂が音をたてて車体をこすっていく。右側の草むらは、風に静かにそよいでいる。その草むらの向こうに、川が、幅およそ六メートルの穏やかな流れが、青々と茂る草木の間を、沈みゆく太陽が射る斜めの光を浴びて、まるで銀の鎖のようにくねりながら続いていた。

車は、岩に阻《はば》まれて驚くほど勢いを増した早瀬の脇をゆっくりと走り、捻《ね》じくれた柳の枯木も越えて進んだ。僕は七歳で、そこにはもう何度も来たことがあった。藪に前方を塞《ふさ》がれて父さんが車のエンジンを切ると、あたりは急に薄暗くなって静まりかえり、聞こえてくるのは川のせせらぎだけとなる。ふたりとも、ウェリントンブーツに油染《あぶらじ》みたビニール製のウェーダー（胴付長靴）という出《い》で立ちで、僕のは黄色、父さんのはオレンジ色だった。車のトランクから、釣り道具を詰め込んだ黒いバケツを二つと懐中電灯、それに釣り餌《えさ》のミミズが詰まった瓶を取り出すと、僕たちは歩きだした。

行く手を阻むように土手に生い茂る草は湿り気を帯びて、僕の背丈よりも高く伸びていた。父さんが前を歩いて道を作ってくれ、僕はその後ろにできる草のアーチをくぐり抜けるようにしてあとに続いた。数匹のコウモリが、川の上空を音もたてずにひらひらと舞っているのが、空に描かれた黒い句読点のように見えた。

四〇メートルほど進んだところで父さんが立ち止まり、周囲を見回してからこう言った。「ここでよし」

川の土手の斜面はぬかるんで急だった。うっかりするとバランスを崩してそのまま川に飛び込んでしまいかねない。夜の闇も近づいていた。

父さんは、土手の草を片手で後ろ手につかんで用心深く斜面を降りると、振り返ってもう片方の手を僕に差し出した。僕はその手を握り、父さん同様、いつものように注意しながら、あとに続いた。川岸に降りると地面を踏み固めて川にせり出す小さな足場を作り、もってきたバケツを下ろした。

僕は、無言で川面《かわも》を眺めている父さんの真似《まね》をした。父さんの視線を追い、自分も同じものを見ている気になった。もちろん、そこがよい釣り場かどうかを見極める方法などどこにもなかった。あたりの水は黒く濁っていて、あちらこちらに群生する葦《あし》が威嚇《いかく》するように揺れていたが、水面がその下に何を隠しているかはまったくわからなかった。それを知るすべはなかったけれど、僕たちは信じようと決めたのだ。人には時にそうしなくてはならないことがあるから。そして釣りではしばしば、信じることが必要なのだ。

「よし、ここだ」と父さんはもう一度口に出して言ってから、僕のほうを振り返った。僕は、バケツからはえなわを一つ取り出して父さんに手渡した。父さんははえなわの竿《さお》を地面に突き立てると手早く釣り糸を手繰り寄せて釣り針を手に取り、釣り餌を入れた瓶の中から、よく太ったミミズを選《よ》り分けた。唇を嚙《か》み、懐中電灯の明かりで照らして丹念に調べる。餌を針につけ終わると、それを目の前まで持ち上げて、つばを吐きかける真似をした。いつでも二回、幸運のおまじないだ。そのあと父さんは、大きく弧を描くようにして釣り針のついた糸を川に投げ込んだ。それから屈《かが》んで釣り糸に手を触れ、たるみがないか、遠くまで流されていないかを確かめる。そのあと父さんが立ち上がって「これでよし」と言うと、僕たちは斜面を上って土手の上に戻った。

僕たちが「はえなわ」と呼んでいたものは、たぶん、本物のはえなわとは違っていた。「はえなわ」とは普通、長い一本の釣り糸に複数の重りと釣り針がついたものを指す。僕たちのはえなわはもっと原始的なものだった。木切れの片側を手斧《ちょうな》で細く尖《とが》らせて作った、父さんお手製の道具だ。丈夫なナイロンの釣り糸を四メートル五〇センチほどに切り、片方を木の竿にくくりつける。重りは、溶かした鉛をスチール製のパイプに流し込み、固まる前にパイプを短いサイズに切って穴を空ける、という方法で作った。重りは、釣り糸の先端から手のひら一つ分くらいの位置に取りつけられ、糸の先にはかなり大きい釣り針が一つ、しっかりと結びつけられていた。竿を地面に突き立てて固定し、釣り餌をつけた釣り針を川床に仕掛けるしくみだ。

僕たちはいつも一〇本から一二本のはえなわを持っていき、およそ九メートルの間隔を開けて、その一本一本に餌をつけては釣り糸を川に投げ入れる作業を繰り返した。急な土手を毎度のように苦労して上り下りし、そのたびに父さんの手を借り、お決まりのしぐさと幸運のおまじないが繰り返された。

最後のはえなわを仕掛け終えると、ふたりでもう一度最初のはえなわに戻って、土手を上り下りしながら一つひとつ点検していった。釣り糸を一本一本丁寧に調べて、すでに獲物がかかっているものがないか確かめてから、しばらく無言でその場に立って、これでいい、このまま放っておけば、間違いなく何かが起こるはずだ、と直感がささやくのを待った。最後のはえなわを調べ終える頃には、あたりはすっかり暗くなっていた。夜空を静かに飛び交うコウモリの姿が見えるのも、雲の切れ間から射《さ》す月光をかすめ飛ぶ一瞬だけとなる。僕たちふたりは、最後にもう一度急な土手を上って車に戻り、帰路についた。

*

川べりでは、ウナギについて、つまりどうすればウナギをうまく捕まえられるかということ以外、話さなかったのではないかと思う。ふたりで話した記憶がまるでない。記憶がないのは、本当に話さなかったからかもしれない。あそこは、話す必要がほとんどない場所だったから。静寂の中でこそ、その本来の素晴らしさが味わえる場所だったから。水面に映る月の光、風にそよぐ草、暗闇に浮かぶ森の影、早瀬がたてる単調な水音。その上空を、ホバリングするアスタリスクのように飛ぶコウモリ。それらすべてが作り上げる世界の一部になるためには、沈黙を守る必要があった。

もちろん、僕の記憶違い、という可能性もある。人の記憶は当てにならないもので、自ら選んだことだけを覚えているものだから。過去のある情景を思い出そうとするとき、何よりも思い出すべき重要な場面は決して浮かんでこない。自分の偏《かたよ》ったイメージに合致するものを思い出す。人の記憶が描き出す情景は、どうしてもつじつま合わせになりがちだ。記憶は、背景と調和しない色を許さないのだ。というわけで、僕たちは話さなかった、ということにしておこう。たとえ話していたとしても、何を話したのか覚えていないのだから。

僕たちの家は、その川からほんの数キロの場所にあった。夜遅くに家に帰ると、ふたりとも、玄関先の階段のところでウェリントンブーツとウェーダーを脱ぎ捨て、僕はまっすぐベッドに直行した。あっという間に眠ってしまい、いつも翌朝の五時過ぎには父さんが起こしに来た。でも何度も起こす必要はなかった。僕はすぐにベッドから飛び起きて、数分後にはふたりで車に乗り込んでいたから。

川べりに着く頃には夜が明け始めていた。朝焼けが空の下方を濃いオレンジ色に染め、川は、まるで深い眠りから目覚めたばかりのように、前夜とは打って変わって冴《さ》え冴《ざ》えとした明るい音をたてていた。あたりには、他にもさまざまな音が溢《あふ》れていた。クロウタドリの美しいさえずり、水しぶきをあげて潜るマガモがたてる派手な水音。上空を音もたてずに飛ぶサギは、大きなくちばしをまるで短剣のように振りかざしながら、川面に目を凝らしている。

僕たちは朝露に濡《ぬ》れた草地をかき分けて進むと、足を踏みしめながら横向きで斜面を下り、一つ目のはえなわを調べに向かった。父さんは僕が来るのを待ってくれて、ふたりでピンと張った釣り糸を点検し、水底の動きを示す兆候を探した。父さんが屈んで釣り糸に手を触れてみる。しかしすぐに立ち上がって首を横に振った。そのあと釣り糸を手繰り寄せて、僕に見えるように釣り針を持ち上げた。餌がなくなっていた。きっと悪賢《わるがしこ》いローチ（コイ科の淡水魚）の仕業だろう。

二番目のはえなわを調べてみたが、やはり何もかかっていなかった。三番目も同じだった。けれども、四番目のはえなわに近づいたとき、糸が葦の群落の中に引き込まれているのがわかった。父さんが引いてみたがびくともしない。父さんは口の中で何かつぶやいた。糸に両手をかけて、さっきより強く引いてみたが、同じだった。重りと釣り針が流されて葦に絡まってしまったのかもしれない。でも、釣り針を飲み込んでしまったウナギが、釣り糸が葦の茎に絡まって身動き取れなくなり、川底に身を潜めて逃げる機会を窺《うかが》っている可能性もあった。釣り糸がたるまないように気をつけて握っていると、ときどきかすかな動きを感じることができた。何であれ、釣り糸のもう一方の端に絡まっているものが、水の中で引き上げられまいと踏ん張っているのだ。

父さんは釣り糸にかける力を緩めたり強めたりしていたが、ちくしょう、と唇を噛んだ。この状況を脱する道は二つしかなく、どちらにせよ、あまりいいことはない、と父さんはわかっていた。隠れているウナギを無理やり引っ張り出して釣り上げるか、釣り糸を切り、囚人の足かせのような重りをつけ、釣り針を飲み込んで葦に絡まった状態のウナギをそのまま放置するか。

今回はどうやら、他に選択肢はなさそうだった。父さんは横に数歩移動して、それまでとは別の角度から、釣り糸がバイオリンの弦のようにぴんと張るほど強く引いてみた。何の効き目もなかった。

とうとう「だめだな、これは」とつぶやくと、釣り糸を思い切り引っ張り、すると糸は大きな音をたてて切れた。

「やつがうまく抜け出せることを祈ろう」と父さんは言い、僕たちはまた土手を上り下りして次のはえなわへと移動した。

五つ目のはえなわで、父さんは屈んで軽く釣り糸に手を触れてみた。そのまま立ち上がると横へ退き「やってみるか？」と僕を促した。

僕が釣り糸を手でつかんでそっと引いてみると、すぐに手《て》応《ごた》えが返ってきた。父さんはその力を、指先だけで感じ取ったのだ。しばらく考えて、これはよく知っている感触だと確信した僕がさっきより少し強めに糸を引くと、魚が動き始めた。「ウナギだ」と僕は大声を上げた。

ウナギは、糸を引いても、たとえばカワカマスのような暴れ方はしない。ウナギは左右に体をよじって逃げようとする。だから糸を引いたときに波打つような手応えが感じられるのだ。ウナギは見た目以上に力が強く、ヒレが小さいのに泳ぎがうまい。

僕は、釣り糸がたるまないように気をつけながら、まるでその時間が終わってしまうのを惜しむかのように、できるだけゆっくり引いていった。とはいえ釣り糸は短く、今回はウナギが潜り込めそうな手近な葦原もなかった。ほどなく水から引き出されたウナギは、早朝の光の中で、その黄褐色に輝く身体を大きくくねらせた。僕はくねるウナギの頭の後ろをつかもうとしたが、それはとうてい無理だった。ウナギはヘビのように僕の腕にからみつき、肘《ひじ》の上あたりまで締めつけてきた。動的な力ではなく、ぎりぎりと静かに締め上げる力だった。でも今振り落とせば、僕が手間取っている間に、ウナギは草の間を這い進み、川に逃げ込んでしまうだろう。

二人がかりでようやくウナギを釣り針から外すと、父さんがバケツに川の水を汲《く》んできた。その水の中に放してやると、ウナギはすぐにバケツの中をくるくると泳ぎはじめた。父さんが僕の肩に手をかけて、大したもんだ、と言った。僕たちは、次のはえなわを点検するために軽い足取りで土手を上った。僕はバケツ運びを任された。

3 アリストテレスと泥から生まれるウナギ

ときには、何を信じるかを自分で決めなければならない場合がある。ウナギに関してもそうだ。アリストテレスの言葉を信じるなら、すべてのウナギは泥から生まれる。ウナギは、海底の沈殿物の中から、忽然《こつぜん》と現れる。言い換えれば、ウナギは自分以外のウナギによる生殖活動、生殖器の結合と卵子の受精によってこの世に生を受けるわけではない。

紀元前四世紀、アリストテレスは、もちろんほとんどの魚は卵を産み、受精させることによって繁殖する、と書物に書いた。ただし、ウナギは例外だ、と彼は説明した。ウナギに雌雄の区別はない。産卵も交配もしない。ウナギは子孫を生み出さない。ウナギの生命はどこからともなく出現する、と。

そしてさらにこう説いた。干魃時《かんばつじ》に支流をもつ池を観察してみるとよい。池が干上がり水底の汚《お》泥《でい》がすっかり水分を失ったとき、その干からびた地面にはどんな生物も見つからない。そこではどんな生物も生き延びることはできず、むろん魚が生きられるはずがない。ところが、ようやく雨が降り、池の水がじわじわと増えてくると、信じられないことが起きる。池が突然ウナギでいっぱいになる。いつの間にかウナギがそこにいる。雨水がウナギを出現させるのである、と。

　アリストテレスは、ウナギは不可解な奇跡さながらに、突然この世に這い出してくる、と考えていた。

　アリストテレスがウナギに関心をもっていたことは、それほど意外なことではない。アリストテレスは、あらゆる生物に興味があった。もちろん彼は思索家であり理論家で、プラトンと並んで西洋哲学の基礎を作り上げた人物である。しかしそれ以上に彼は科学者だった。少なくとも彼の時代の基準では。アリストテレスはしばしば、「博識ぶらない人」だったと言われる。言い換えれば、人類が蓄積してきたあらゆる知識を鵜《うの》呑みにしない人だった。そして何よりも、自然界を観察し、記述する科学的方法の先駆者であった。彼の偉大な業績である『動物誌』は、リンネに二千年以上先駆けて、動物界を系統的に分類しようとした最初の取り組みだった。アリストテレスは多種多様な動物を観察し、それぞれどこがどう違っているのかを解説した。外見、体のつくり、色、形状、生活や生殖の方法、何を食べ、どんな習性があるか。近代動物学は、アリストテレスの『動物誌』から生まれた。『動物誌』は少なくとも一七世紀まで、自然科学の礎石でありつづけた。

アリストテレスは、ギリシャのハルキディキ半島の町、スタギラで少年期を過ごした。ハルキディキ半島とは、先端部が、まるで三本指の手のようにエーゲ海に突き出している半島である。父親がマケドニア王の侍医を務めていたため、暮らしは恵まれていた。十分な教育を与えられ、父親も息子を医者にするつもりだったかもしれない。ところが、アリストテレスは幼くして孤児となってしまう。一〇歳の頃に父が亡《な》くなり、母が亡くなったのはおそらくそれより早かった。親戚《しんせき》に引き取られたアリストテレスは、一七歳のときに、古代ギリシャ随一の学校であるプラトンのアカデメイアで学ぶためにアテネに遣《や》られた。馴染《なじ》みのない町に一人でやってきた、聡明《そうめい》で好奇心あふれる若者は、この世界を理解したいという激しい情熱に駆られていたが、それは帰る場所を失《な》くした者にしかわからない思いだった。アテネのプラトンの下で二〇年間学んだアリストテレスは、多くの点でプラトンと肩を並べるまでになった。しかしプラトンが亡くなったとき、アカデメイアの次の学長に指名されなかったため、レスボス島に移り住んだ。その島で、アリストテレスは動物や自然界についての研究を本格的に開始した。ウナギの発生の仕組みについて考え始めたのも、おそらくこの頃だろう。

しかし、アリストテレスがどのような科学的方法を用いていたかについては、よく知られていない。観察や解剖の記録が残されていないからだ。自身の発見や洞察について、確信をもって詳細に述べているが、どのようにその結論に達したのかについての説明はほとんどない。とはいえ、『動物誌』の基礎をなす解剖の多くを、アリストテレスが自ら行なっていたことは間違いなさそうだ。そして何よりも、彼が水生生物、とくにウナギの研究に多くの時間を費やしたことは確かだろう。少なくとも、それまで知られていなかったウナギの体の内部、内臓の配置やエラの構造に関しては、細部にわたる詳しい記述が残されている。

またウナギに関しては、アリストテレスは歴史に埋もれてしまった同時代の科学者たちと意見が合わないことが多かった。どうやらすでにその当時から、ウナギは憶測や意見の衝突、論争の種であったようだ。アリストテレスは、ウナギが体内に卵をもつことはありえないと明言し、それを否定する者は、観察が不十分なだけだと言い放った。自説が間違っているはずがない、ウナギを解剖してみればわかる。卵などどこにもないだけでなく、卵やしらこを造る器官も運ぶ器官も見当たらない。実在するウナギからは、その出生の謎《なぞ》を解き明かす証拠は何ら見つかっていない、と。さらに、ウナギが胎生であると主張している人はみな、自身の無知さに惑わされているのであり、彼らの意見は事実に基づいていない、とも批判した。ウナギには雌雄の区別があり、オスはメスに比べて頭部が大きいと主張する科学者の意見を、異種間の差異を性差だと勘違いしているにすぎない、と一笑に付した。

　アリストテレスはウナギを研究していた。それだけははっきりしている。おそらくレスボス島で、あるいはアテネでも。ウナギを解剖して内臓を調べ、卵や生殖器を探して、その生殖の仕組みを解き明かそうとした。おそらく数え切れないほどたくさんのウナギを解剖して徹底的に調べ、ウナギがどのような生物であるかを知ろうとしたのだ。その結果、ウナギは自ら生まれ出る生物だ、という結論に達した。

　アリストテレスが考え出した動物や自然界を理解するための方法は、その後近代の生物学と自然科学の基礎をなすほぼ唯一《ゆいいつ》のものとなり、つまりその後のウナギを解明しようとするあらゆる試みが、その方法に則《のっと》って行なわれた。その方法とは、何よりもまず経験主義だった。自然界は体系的な観察を通して説明できるものであり、正確な記述によってのみ理解できる、というのがアリストテレスの主張だった。

　彼の取り組み方は先進的で、あらゆる点で成功していた。アリストテレスが行なった観察の多くは驚くほど精密だった。動物学という概念さえ存在しない時代だったことを考えるとなおさらだ。彼の知識は時代のはるか先を行くもので、水生生物に関しては特にそうだった。たとえば、タコの解剖学的構造や生殖のしくみについて詳細に解説したが、近代動物学がそれを実証できたのは一九世紀に入ってからだった。ウナギについても、ウナギは淡水と海水の間を行き来することができ、多くのウナギは小さなエラをもち、夜行性で日中は水の深いところに隠れている、と正しい見解を示していた。

しかしウナギに関しては、明らかに奇妙な主張もいつになく多かった。観察に基づく体系的な方法を用いていたにもかかわらず、アリストテレスはウナギを正しく理解できなかった。たとえば、ウナギは草の葉や根を食べ、ときには泥さえも食べる、と説明した。ウナギには鱗がない。寿命は七〜八年で、地上では五日から六日は生き長らえることができ、北風が吹けばもう少し生きられる、とも言った。そして、前にも述べたように、ウナギには生物学的性がなく、無から生まれると断言した。ウナギは、小さな蛆虫《うじむし》のような姿をしたミミズの一種が大きくなったもので、他のいかなる生物の関与もなしに、泥の中から自然発生する、とアリストテレスは考えた。このミミズに似た幼虫は、海でも川でも発生し、とくに腐葉土がたっぷりある場所や、日差しを受けて水が温まりやすい浅い沼や海藻が繁茂する海底で発生しやすい。「これは間違いのない事実だ」とアリストテレスは記述し、「ウナギの生殖に関しては以上である」と締めくくっている。

*

あらゆる知識は経験に由来する。これはアリストテレスの洞察の根本をなすものである。生物についての研究は、常に経験に基づく体系的なものでなくてはならない。事実は知覚された通りに記述されなくてはならない。まず、何かが**存在する**ということを証明する。その時初めて、人はそれが**どういうものであるか**という問いに目を向けることができる。そして、それがどういうものであるかに関するあらゆる事実を集積できたとき、はじめて、それが**なぜそのようであるか**という形而上学《けいじじょうがく》的疑問に取り組むことが可能となる。アリストテレスの時代以降ずっと、世界を科学的に理解しようとする試みの大部分が、この考え方に基づいて行なわれてきた。

それにもかかわらず、なぜウナギはアリストテレスの理解をすり抜けられたか？　その答えを見つけるのは難しそうだ。ウナギについて、体系的で詳細な観察を行なったにもかかわらず、アリストテレスが導き出した結論は、今となっては途方もなく非科学的と呼べるものだった。そしてそれこそが、ウナギが他の生物とは違う点だ。科学はこれまで数々の謎に直面してきたが、ウナギほどその謎が難解で、人々を手こずらせてきた生物はほとんどいない。ウナギは、観察するのが並外れて難しい――特殊な生活史や警戒心の強さ、変態、そして生殖のために回遊する習性などのせいで――だけでなく、故意にそう定められているのかと疑いたくなるほど謎に満ちている。たとえ観察に成功しても、解明まであと一歩のところまで迫れたと思っても、ウナギはするりとすり抜けてしまうように見える。ウナギを研究し、理解しようとして大勢の人々が費やしてきた膨大な時間を考えると、率直に言って、もっと多くのことがわかっていても良さそうだ。ところがそうではない。それが謎なのだ。動物学者はこれを「ウナギの謎」と呼んでいる。

アリストテレスは、ウナギに関する間違った考えを公表した最初の科学者の一人かもしれないが、周知の通り、間違いは彼で終わりではなかった。ウナギは今もなお、科学的研究から身をかわし続けている。数々の著名な研究者や、程度の差はあれ、熱意あるアマチュア研究家たちが研究に没頭してきたが、ウナギを正しく理解することはできなかった。自然科学の世界の第一人者の中にも、ウナギの謎に挑戦して敗れた人々がいる。まるで、彼らの物事を知覚する能力そのものが、不十分だったかのように。ウナギは、人類の知識の及ばない、どこかの薄暗い泥の中に身を潜めている。ことウナギに関しては、他のことなら何でも知っているはずの人類も、ある意味ずっと、知ることではなく、信じることに頼らざるを得なかった。

　古代から、どうやらウナギは魚とは区別されることが多かったようだ。ウナギは、その外見や行動様式、目に見えないほど小さな鱗、小さなエラ、そして水から出ても生きられる能力によって、魚とは別の生き物だと考えられていた。魚とはあまりにも違いすぎたので、多くの人々がウナギは水生のヘビ、または両生類だと考えていた。『イリアス』を書いたホメロスも、ウナギと魚を区別していたようだ。『イリアス』の中の、アキレウスがアステロパイオスを殺害する場面には、「アステロパイオスの身は、その命を奪った後、砂の中に横たわっているのをそのままその場に残してゆけば、黒ずんだ水がその屍《しかばね》を濡らしてゆく。鰻《うなぎ》や魚がその身にたかって、腎臓《じんぞう》の辺りの脂身《あぶらみ》を噛み切っては啖《くら》う」と書かれている。そして今でも、人々はしょっちゅうこの疑問を口にする。「ウナギは本当に魚なのか?」

　ウナギの本質的な特性についてのこの疑いが、我々人間にウナギを敬遠させてきた。人々はウナギを気味悪がり、不快に感じてきた。ヌルヌルと這いずり、ヘビのような見た目で、人肉を食べるとも言われている。暗がりや泥の中をこそこそと動く。ウナギは、他の動物とは違う馴染みのない生物で、湖や川、そして食卓の上でもよく見かけるものであるにもかかわらず、常にある意味よそ者であり続けてきた。

ウナギの謎のなかで、もっとも長い間論争の種となってきたのは生殖の方法についてである。その謎の最終的結論とは言えないまでも、理論的な答えを導き出せたのは、二〇世紀になってからだった。それまでずっと、多くの人が、ウナギはミミズのような姿で泥から生まれるというアリストテレスの説を鵜呑みにしていた。自然科学者で、七九年に起きたヴェスヴィオ火山の噴火を観察中に亡くなったガイウス・プリニウス・セクンドゥス（大プリニウス。古代ローマの博物学者で『博物誌』を著した）の意見を支持する人たちもいた。彼はウナギの生殖は身体を岩にこすりつけることによって行なわれるとし、身体から剝《は》がれ落ちた小片から新たなウナギが生まれると主張していた。ギリシャの作家、アテナイオスの説を信じる人もいた。アテナイオスは三世紀に、砂に染み込んだウナギの分泌物《ぶんぴつぶつ》からウナギが生まれると説いた。

歴史を振り返れば、他にももっと奇抜な説が多数提唱されてきた。古代エジプト人は、ナイル川の水が太陽に温められると、ウナギがどこからともなく現れると信じていた。ウナギは海の底に堆積《たいせき》した腐敗しかけた植物から生まれる、とか、死んだウナギの身体が腐敗しはじめたときに、そこから新たなウナギが生まれるといった説がヨーロッパ各地に伝わっていた。海上の泡沫《ほうまつ》から生まれるという説や、春に湖畔や川岸の草木に降りるある種の露から生まれるという説を信じる人たちもいた。ウナギ釣りが盛んなイギリスの田舎では、馬のしっぽの毛が水中に落ちるとウナギが生まれる、とほとんどの人が信じていた。

　ウナギの誕生にまつわるこうした様々な説の多くは、間違いなくある共通の概念から生じている。それは、生命は、生命が宿っていないように見えるものから生じうるという考えで、つまり宇宙そのものの誕生の過程が、より小規模な形で繰り返されうるということだ。一粒の埃《ほこり》から蚊が生まれ、一切れの肉から蠅《はえ》が生まれ、ウナギは泥から生まれる——これらの考え方は自然発生説と呼ばれるもので、顕微鏡が発明されるまで広くそう信じられていた。簡単に言うと、人々はその目で見て確かめられるものを信じていた。腐りかけた肉から突然這い出してきた蛆虫を目の当《ま》たりにし、肉の周りを飛ぶ蠅や蠅の卵を見ていなければ、蠅の幼虫がどこからともなく現れたと考えるほかないだろう？　それと同じで、人類は誰一人としてウナギの生殖の様子をその目で見たことがなく、当時知られている限りでは、ウナギは生殖器をもっていなかった。

　自然発生説の起源は、もちろん、この世のあらゆるものの、つまり生命の創造の物語だ。もしも本当にこの世の始まりがあり、そのとき生命が無から生じたのなら（それを神の介入によるものとするか、他の何らかの原因によるものだとするかは別にして）、そのような自然発生が繰り返し起こり得ると考えるのは、それほど突飛なことでもなかったのかもしれない。

生命誕生のいきさつについては、いくつかの説がある。旧約聖書の『創世記』には、「神の霊（wind from God）」が混沌《こんとん》たる地の上を動き、光や地や草木だけでなくすべての生き物を創《つく》り出したと記されている（創世記。1：1〜）。古代ギリシャ哲学のストア学派には、「プネウマ」という概念があり、プネウマ、つまり気息（命の息）は空気と熱が結合したもので、生きている身体と魂のどちらの存在にも必要なものだとされていた。前提にあるのは、無生物は生物へと変わりうるという信念であり、生者と死者は相互に繋《つな》がり合っていて、一見死んでいるように見えるものにも生命が宿っていることがある、という考えだ。ウナギの謎を解き明かすことも理解することもできなかったとき、すぐ手近にあったのがこうした考え方だったのは明らかだ。こうしてウナギは、「生命の起源」という、より深遠な謎をも体現するものとなった。

しかしウナギが特別なのは、今もなおその謎を解明しようとするとき、信じることに頼らざるをえない部分がある、ということだ。今や人類は、ウナギの生態や生殖のしくみのすべて——サルガッソー海で生まれてからの長い旅、繰り返す変態、その辛抱強さ、生まれた海に戻って産卵し死を迎えること——をよく知っている、と誰もが思うかもしれない。しかしたとえそれらがすべて間違いのない真実であったとしても、その多くは推測に基づくものなのだ。

　ウナギの生殖の様子を見たものはこれまで一人もいない。メスが産み落とした卵を、別のウナギが受精させるところを誰も見たことがない。ヨーロッパウナギの完全養殖に成功した人はいない。ウナギはすべてサルガッソー海で孵《ふ》化《か》することがわかっている、とされていて、それは柳の葉に似たウナギの幼生の最も小さなものがそのあたりで採集されたからだが、なぜウナギがそこで、つまりサルガッソー海だけで繁殖すると言えるのか、確信をもって説明できる人はいない。ウナギが故郷への過酷な長旅をどのように耐え抜いているのか、またどのように目的地を知るのかはよくわかっていない。ウナギはみな産卵を終えると間もなく死んでしまう、とされていて、それは産卵シーズンのあと、付近で生きているウナギの成体が観察されていないからだが、しかしそもそも、ウナギの産卵場とされている海域で、生死にかかわらず、ウナギの成体が発見されたことは一度もないのだ。言い換えれば、これまで誰一人としてサルガッソー海でウナギを見た者はいない。ウナギが変態を繰り返すことについても、その目的はよくわかっていない。ウナギの寿命がどのくらいなのかも誰も知らない。

つまり、アリストテレスの時代から二千年以上過ぎた今もなお、ウナギは科学的な謎であり続け、いろいろな意味で、いわゆる形而上学的な謎の代表格となっている。そして奇遇にも、形而上学もまたその起源はアリストテレスに遡《さかのぼ》る（そう命名されたのはアリストテレスの死後だが）。形而上学は哲学の一つで、客観的な事象の外部にあるか、それを超越しているもの、つまり、人の知覚によって観察され記述できないものを扱う学問である。

形而上学は必ずしも神とは関わりがない。むしろものごとの本質を、現実全体を記述しようとする試みだ。形而上学は、存在そのものと、その存在物の特徴は別のものだと主張する。そしてその二つについての問いもまた、別のものだとする。ウナギが**存在する**。まずそこに存在がある。しかし**それがどういうものであるか**、は全く別の問題だということだ。

なぜ人々はずっとウナギに魅せられてきたのだろう。それはきっと、知ることと信じることが交差するその思索の場が、言い換えれば、知識が足りないせいで神話や空想めいたものと真実が混在していることが、人々の心を捉《とら》えて離さなかったからだ。科学や、秩序ある自然界を信じている人々さえも、ときには、不可知なものへと続く小さな通路を開けたままにしておきたい、と考えるものだからだ。

そして、もしも人がウナギはウナギのままでいてほしいと考えるなら、もちろん、ウナギを謎の存在のままにしておく必要がある。ある程度までは、少なくともしばらくの間は。

*

そしてじっさい、ウナギは謎の存在であり続けた。ウナギは魚なのか、それとも全く別の何かなのか？ 繁殖の方法は？ 卵生なのか、それとも胎生なのか？ 無性生殖か？ 両性具有なのか？ どこで生まれ、どこで死ぬのか？ アリストテレスの時代以降何世紀にもわたって、ウナギについての数え切れないほどの説が生まれ続け、ウナギを理解しようとする人々は、例外なく解けない謎に苦しめられた。中世の主な通説は次の二つで、両方が組み合わされることもよくあった。ウナギは胎生で、子どもを生むという説と、ウナギは両性具有で、二つの性をもつ、という説である。

一七世紀に自然科学が復興すると、ウナギの謎はより方法論的な研究の対象となった。アリストテレスの科学的方法が——特に、自然観察は体系的に行なわれなくてはならない、という主張が——再び息を吹き返し、その結果、この世界とウナギに対する人類の見解が変化した。

とはいえ、ウナギの謎が解明されるまでにはまだまだ時間がかかった。アリストテレスが強く否定していた、ウナギは胎生であるという説が、多くの人に支持されるようになっていった。世界で初めて商業的に成功をおさめた釣りに関する著書、『釣魚《ちょうぎょ》大全』を一六五三年に刊行したイギリスの作家、アイザック・ウォルトンもその一人だった。ウォルトンは著書の中で、ウナギは胎生で子どもを生むが、それは無性生殖による子どもである、と述べた。ウナギの子は、受胎せずに親ウナギの体内に宿る、という意味だ。

その後、イタリアの医師で科学者でもあるピサのフランチェスコ・レディが、自然発生説を科学的根拠を挙げて否定する世界初の書物を書いた。レディは、一六六八年に実施した蠅の実験から、生命を生み出すためには、卵とそれを受精させることが必要だと証明した。「Omne vivum ex ovo」、すべての生命は卵から生じる、とレディは結論づけた。レディはウナギの研究も行ない、ウナギの体内にときおり見られる小さな虫のような生物を、ウナギの胎児だと主張する人々がいるが、じっさいは寄生虫だと思われるとも述べた。そしてウナギはほぼ間違いなく胎生ではない、とした。じっさいには、レディはウナギの体内に生殖器も卵も発見しておらず、したがってウナギは本当のところどのように繁殖するのか、という疑問に確定的な答えを出すことはできなかったのだけれど。

折しも、イタリアのパドヴァ大学で、ある大事件が巻き起こった。一七〇七年のこと、サンカッシーニという名の外科医が、イタリア東海岸のコマッキオにあるウナギの漁場を訪れた。そこで大きく太ったウナギを見つけたその外科医は、衝動にかられて外科用メスでそのウナギを解剖してみた。そしてウナギの体内に、生殖器に酷似した器官と卵のようなものを見つけたのだ。

外科医は解剖したウナギを、友人でパドヴァ大学の博物学者のアントニオ・ヴァリスネリに送った。生命は無から生じうるという説を目の敵にしていたヴァリスネリはもちろん大喜びして、そのウナギをボローニャ大学に送り届けた。そこには当時の非常に著名な科学者がそろっていた。

コマッキオで発見されたこのウナギは、ウナギの生殖に関する謎に新風を吹き込み、その謎の解明は啓蒙《けいもう》時代を通して、科学者たちの中心的な目標となった。しかし、発見されたそのウナギについては、ヴァリスネリの期待どおりの反響はなかった。ウナギの体内に見つかったものは、結局何だったのか？　たしかに、生殖器と卵のようには見えるが、誰にも証明できないではないか？　何かが証明された、とするには、体系的な観察とより詳細な研究が必要だ、と。コマッキオのウナギが啓蒙《さとり》をもたらすことはなく、学術的議論をちょっとばかり盛り上げただけだった。有名な解剖学者であるアントニオ・マリア・ヴァルサルヴァは、ヴァリスネリが生殖器と卵だと主張したがっているものは、おそらくありふれた脂肪組織だろうという考えを示した。潰《つぶ》れた浮き袋ではないか、という説もあった。この問題をめぐって科学者の間に議論が巻き起こった。ピエトロ・モリネッリという著名な大学教授は、体内に卵だと証明できるものをもつウナギを提供してくれた人に報奨金を出すと告知した。そしてじっさい、教授のもとに期待できそうなウナギが一匹届けられたが、その後、賞金目当ての漁師が、ウナギの体内に別の魚の卵を詰め込んだものだったとわかった。

　こうして、コマッキオのウナギはある意味、研究者の間で語り継がれる伝説となったが、ウナギの謎は解けないままだった。あのウナギの体内に見つかったものは本当のところ何だったのかについて、研究者らの意見が一致することはなかった。その後スウェーデンで、一七五八年にヨーロッパウナギにラテン語の学名を与えたカール・リンネが、ウナギは胎生だと思われる、という、より現実的な考えを発表した。

　ウナギは卵生であるというヴァリスネリの主張のあと、ウナギの謎に次の突破口が開けるまでには、さらに七〇年の年月がかかった。またもやコマッキオで捕獲された別のウナギが、再びボローニャ大学で解剖されることになる、という因縁めいた出来事が起きたのだ。今回、解剖の任に当たったのはカーロ・モンディーニ。解剖学者で、のちに難聴を引き起こす人の耳の奇形について詳細に研究し、その奇形に名を冠せられて有名になる人物である。ウナギを詳しく調べたモンディーニは、性的に成熟したメスのウナギの体内に見られる生殖器や卵の様子を、科学的正確さで描写した世界初の解剖図を含む、今や歴史的に有名な論文を書き上げた。それより七〇年前に、ヴァリスネリがボローニャ大学に送りつけた最初のコマッキオのウナギについては、モンディーニは、あれはヴァリスネリの思い違いである、と断じた。先人の発見と自身の発見を比較検討することによって、モンディーニは、七〇年前のウナギの体内で見つけられたのはほぼ間違いなく潰れた浮き袋だったと立証できた。しかし、今回のウナギは正真正銘のメスのウナギだった。体の内部に見られるひだ状のものは本物の生殖器で、小さな水滴の寄せ集めのようなものは、本物の卵だった。

これは一七七七年のことで、ウナギとは何かという謎に、暫定《ざんてい》的な答えが得られた、と言える日がついに訪れた。ウナギに生殖器があって、卵を作れることがわかったからには、少なくともウナギが自然発生によって生まれないことは明らかだ。ウナギは依然として、さまざまな点で謎に包まれていたが、少なくとも観察や説明が可能な世界に根ざした謎だった。モンディーニの発見が、人とウナギの距離をほんの少し近づけた。わからないのは、ウナギの謎の残り半分だけとなった。

4　ウナギの目をのぞきこむ

父さんがウナギ釣りを好んだ理由はいくつかあった。一番の理由がどれだったかはわからない。

間違いなく言えるのは、父さんはあの川べりが好きだったということだ。丈の高い草が生い茂る神秘的な雰囲気や、低い音をたてて流れる川や柳の枯木、そしてあたりを飛び交うコウモリが好きだった。川は父さんが子どもの頃暮らしていた農場から二、三〇〇メートル離れた場所にあった。農場には母屋《おもや》といくつかの厩舎《きゅうしゃ》があり、そこから緩やかに下る細い砂利道の先に川が流れていた。子どもの頃の父さんは、その砂利道を何度も駆け下りたり駆け上がったりして、魚釣りや川遊びを楽しんでいた。つまりその川は幼い父さんにとって、いわば外の世界と自分の世界を隔てる境界線だった。水辺に茂る背の高い草の間を抜き足差し足で進んでネズミを捕まえてはポケットに入れて持ち帰り、家の前の庭でパチンコの的にした。冬になると、川から溢れ出した水がつくる氷の上でスケートをした。夏には、勢いよく流れる川の音を聞きながら、畑にかがみ込んでビートの間引きをしたり、ジャガイモを収穫したりした。

川はいわば父さんの原点で、いつでも戻っていける馴染みのある場所だった。けれども、その川の深みを自在に泳ぎ、ごくたまに僕たちにその姿を見せるウナギは、父さんにとって、それとはまったく違う何かだった。ウナギはむしろ、人はじつはほとんど何も知らないのだということを、ウナギのことも他人のことも、自分がどこから来てどこへ向かうのかということも、何もわかっていないのだということを、思い知らせる存在だった。

ウナギは父さんの好物でもあった。夏になってウナギがたくさん釣れると、週に三、四回はウナギ料理に舌鼓《したつづみ》を打った。つけ合わせはたいていジャガイモの溶かしバターかけだった。料理は母さんの担当で、父さんと僕が皮を剝《は》いできれいに洗ったウナギを、母さんが一〇センチぐらいの大きさに切って、塩ひとつまみと胡椒《こしょう》で下味をつけてパン粉をまぶし、バター焼きにした。僕はそれを見ているのが好きだった。熱くしたフライパンにウナギを一つ一つ並べていくと、信じられない光景が広がった。ウナギの切り身が動くのだ。燃えるような熱さのなかで、ウナギは痙攣《けいれん》でもしているかのようにピクピク動いた。まるでまだ生きているかのように。

母さんの隣で、僕はその様子に目を見張っていた。さっきまで生きていたウナギが今は死んで、しかも小さく切り刻まれている。それなのに動いたのだ！

生き物は死んだら動かなくなるのなら、このウナギは死んでいると本当に言えるのだろうか？　死んだら感覚がなくなるはずなのに、どうしてウナギはフライパンの熱さをまだ感じることができるのだろう？　心臓の鼓動は止まっているのに、ウナギにはまだ命があるように見えた。生と死の境目はいったいどこにあるのだろう？　と僕は考えていた。

後日、タコの腕には無数の神経終末が存在する、ということを本で読んだ。じつはタコの腕には脳よりも多くの神経細胞が存在しており、触手の一本一本が、頭部にある脳とは独立した神経中枢《ちゅうすう》となっている。つまり、それぞれの触手の末端に、小さいながらも自律的な脳をもっているようなもので――触手の一本一本が自らの意思で動くことができる。たとえばタコの触手は味や感触を感じることができ、ある種のタコでは、感光性のある神経細胞のおかげで、触手が目の機能まで果たしている。しかしもっとすごいことがある。タコの腕を切り落とすと、切り落とされた腕がそのまま動き続けるだけでなく、それ自体が一つの生物であるかのように行動するのだ。切り落とされた腕に食物を投げてやると、腕はその食物をつかんで、すでに切り離された、そこにあるはずの頭に食べさせようとする。

同じような行動をウナギがするのを見たことがあった。ウナギの頭を切り落とすと、体の下半分がそこから逃げようとして這《は》い進んでいくのだ。頭を失ったウナギは、それでも数分間動いていた。ウナギにとって、死は少しずつ体全体に広がっていくものであるようだった。

僕は、どうしても食べなくてはならないとき以外、ウナギを食べなかった。ウナギが可哀想《かわいそう》だったからではなく、味が好きではなかったからだ。ちょっと獣臭のある脂っぽい風味が、吐き気を催させた。でも、父さんはウナギが大好物だった。手づかみで食べ、骨まできれいにしゃぶってから、指についた脂を舐《な》めていた。「脂がのってうまい」とよく言っていた。焼かないときは、茹《ゆ》でて食べた。やはり一〇センチ程度に切り分けたウナギを、塩とオールスパイス、ベイリーフを入れた湯で茹でるのだ。ウナギの肉はすっかり白くなり、表面をぬめぬめした油膜のようなものが覆《おお》っていた。僕は、茹でたウナギは焼いたウナギよりもっと苦手だった。

でも、捕まえたウナギの世話をするのは平気だった。朝早く、僕たちはいつも、川の水を入れた黒いバケツに、獲物のウナギを入れて家に戻ってきた。

帰宅するとまず、もっと大きなバケツに真水を満たし、それからウナギをその中へ移した。数時間、ときには一日中そのままにしておいた。ときどき水を換えることもあった。

そのあとも、僕は何度もウナギの様子を見に行った。母さんが保育園を開いていたから、自宅には子どもが大勢いた。だからよく、その子たちを引き連れて、ウナギのバケツが置いてあるガレージまで行った。ウナギをつついて、バケツの中をぐるぐる泳がしたり、ウナギのつかみ方を実演してみせたりもした。親指を鉤爪《かぎづめ》のような形に曲げてウナギの腹を抑えながら、人差し指と中指で上から挟むようにするのだ。ウナギを水から持ち上げて、空中でのたくる様子を見せたりもした。バケツの中のウナギはまったく身動きしなくなることがあり、死んでしまったか、麻痺《まひ》しているように見えたが、水から引き上げると、とたんにものすごい力で暴れまわり、体を僕の腕に巻きつけてきた。だから僕の身体《からだ》は、ウナギの粘液の臭《にお》いがした。でも子どもたちには決してウナギを触らせなかった。

日が暮れると、父さんとふたりでウナギを殺した。それは幼い僕にとって、残酷きわまりない光景だった。父さんがバケツからウナギをつかみ出してテーブルに押さえつけ、フィッシングナイフの尖《とが》った先端をその頭に力いっぱい突き立てる。するとウナギは激しく痙攣し、体全体がまるで大きな筋肉の塊ででもあるかのように硬直した。痙攣が少し収まると、父さんはナイフを引き抜いて、およそ一メートルほどの長さの木の板の上にウナギを置いた。その頭に一〇センチほどの釘《くぎ》を打ち込んで板に固定すると、ウナギはまるで十字架に架けられているように見えた。それから父さんは、ウナギの頭のすぐ下あたりに、胴体を一周するようにナイフで切り目を入れた。

「さあ、パジャマを脱がせるぞ」と言うと、父さんは僕にやっとこを手渡す。僕はウナギの首の切り目の皮をやっとこでしっかり挟み、途中で手を止めることなくゆっくりと皮を剝いでいった。皮の内側は青みを帯びていた。まるで子どものパジャマみたいだった。皮を剝がれても、まだのろのろとのたくり続けるウナギもいた。

ウナギを開きにして内臓を取り出し、頭を落として終わりだった。大きなウナギだったときは、目方を量ってみることもあったが、たいていは、重さにして五〇〇グラムから一キロ程度のものばかりだった。太さと色については、ちょっとした違いがあった。黄褐色の色が薄いものや濃いものがいたが、全体的に見ればよく似ていた。ふたりで何年間もウナギ釣りをしてきたが、一キロを超える獲物を釣り上げたことはなかった。一キロ超えならもちろん大きいと思っていたが、一・五キロから二キロのウナギもこの世に存在することを僕たちは知っていた。そんなウナギを捕まえるのが父さんの夢だった。趣味でウナギを釣っていた人が、大ウナギを釣る名人になったという記事を、父さんは新聞で読んだことがあったのだ。

「その人は、川べりに三日間ぶっつづけで陣取って、ウナギがかかるのを待つそうだ」と父さんは僕に話してくれた。「昼も夜も。ただそこに座って待っている。三日の間、何も起こらないのにじっと座っているんだ。と突然、それは現れる。一・五キロのウナギだ！」

　どうやら、大ウナギを釣り上げるには、何よりもまず忍耐強さが必要なようだった。まずはウナギのために惜しみなく時間を使わなければならない。それは一種の取り引きのようなものだ、と僕たちは考えていた。

　釣り餌《えさ》もあれこれ試してみた。凍らせたエビを使ってみたこともある。よく太ったナメクジや甲虫も試した。どれ一つうまくいかなかった。あるとき、川べりの草むらで死んだカエルを見つけた。カエルはてらてらと光っていた。僕たちがうっかり踏んづけたのかもしれなかった。父さんはそのカエルを釣り餌にして糸を川に投げ込んだが、翌朝調べてみると、カエルは跡形もなくなっていた。そういうわけで、僕たちは再びミミズで試すことにし、ウナギに時間をつぎ込み続けた。いつの日か、大ウナギを釣り上げられることを信じて。

しかしそんな日は来ず、おかげで、ウナギは僕たちにとってますます謎めいた存在になっていった。父さんがウナギ釣りに熱中していたのはそのせいだったのだと思う。父さんはいつもシラスウナギや黄ウナギ、銀ウナギの話をしてくれた。ウナギがどんなふうに姿を変えるかについて、人間より長生きしたウナギのことや、暗くて狭い井戸の中で何年間も生き続けたウナギの話をしてくれた。また父さんは、ウナギが広大な大西洋を泳いで生まれた場所へ戻る長い旅の話もしてくれた。そこは僕たちの想像を超えた、見たこともないような場所で、ウナギは月、もしくは太陽の動きを手がかりに針路を定めること、そしてどのウナギも、なぜかはわからないけれど、自分の行くべき道を知っているのだということを。ウナギはどうしてそんなに固く信じられるんだろうな？　と父さんは言った。自分が選んだ道を、そこまで強く信じることができるものだろうか？

　父さんが話すサルガッソー海は、まるで不思議なおとぎ話の世界のようだった。あるいは、この世の終わりの話のようでもあった。僕は、どこまでも果てしなく広がっていくように見えていた海の先に、ふいに現れる海藻に覆われた海域を思い描いた。そこではさまざまな生命が躍動し、たくさんのウナギが所狭しと泳ぎ回り、それらはやがて死んで、海底に沈んでいく。その傍らでは、透明な柳の葉っぱのような小さな生き物が、光のほうへと浮かび上がり、目に見えない潮の流れに運ばれていく。父さんとウナギを釣り上げるたびに、僕はウナギの目をじっと見つめて、それが見てきたものをのぞき見ようとした。でも、僕の目を見つめ返すウナギは一匹もいなかった。

5
ジークムント・フロイトとトリエステのウナギ

　人はウナギのことを、どこまで本当に知ることができるのだろう？　あるいは他の誰かのことを？　この二つの疑問には、じつはつながりがあることがわかっている。一八七六年、一九歳のジークムント・フロイトは、二千年以上前にアリストテレスが後世に向けて投げかけたある挑戦を受けて立つことにした。過去にも大勢の先人たちが、それに挑んでは敗退してきた。フロイトは、自然科学界の見果てぬ夢である、ウナギの精巣《せいそう》の発見を託されたのである。

　フロイトは、一八五六年にオーストリア帝国モラヴィア辺境伯領フライベルク（現在のチェコ共和国のプジーボル）に生まれたが、彼が四歳になる前に一家はウィーンに転居した。子どもの頃から優秀で、文学に興味があり、語学に秀《ひい》でていた。一七歳でウィーン大学に入学。医学部生だったが、哲学や生理学も学び、著名な動物学者のカール・クラウスに師事した。

海洋生物学の専門家で熱烈なダーウィニズム信奉者だったクラウスは、甲殻類研究の第一人者で、その分野の研究者の例にもれず、ウナギに関心をもっていた。クラウスは両性具有の動物を研究しており、その当時は、ウナギはまだ、両性具有だと広く信じられていた。クラウスはウィーン大学で教授を務める傍ら、トリエステにある海洋研究所の所長でもあった。

一九世紀の前半は、ウナギの謎はいわば休止状態だった。カーロ・モンディーニがメスのウナギの生殖器を発見し、その信頼に足る解剖図が公表されると、オスの生殖器が発見され、それと証明されるのも時間の問題だと思われた。そして、その二つが突き止められれば、人々を手こずらせてきたウナギの生殖に関する謎も解けるはずだった。

とは言え、モンディーニの発見に懐疑的な人も大勢いた。その一人が、イタリアの科学者で、のちに自然発生説を否定する実験に成功した人物として歴史に名を刻むことになるラザロ・スパランツァーニだった。スパランツァーニは自らコマッキオに出向いてモンディーニの発見を検証し、信じがたいと退けた。モンディーニの発見を認めることは、もちろん、学者たちの威信に関わる問題でもあった。多くの著名な研究者たちが、長年にわたって、ウナギの生殖の方法を解明し、その解剖図を描こうと努力してきた。それにもかかわらず、他に誰も成功しなかったのはなぜなのか？ それだけの年月をかけて、生殖器と卵をもつウナギがたった一匹見つかっただけとは？ なぜ他に見つからなかったのか？ いやいや、むしろモンディーニのウナギがおかしいのだ。とても信じられるものではない、と誰もが思った。ときに、客観的な可能性より、人々が何を信じたがっているかが重視されることがある。当時の科学の世界には、カーロ・モンディーニのウナギを信じたくない人々が大勢いた、というだけのことだ。

ドイツでは、一時、ウナギの生殖器を探す光景があちこちで見受けられるようになったことがある。卵をもつウナギを見つけた人に五〇マルクの報奨金が与えられることになったからだ。国内の新聞各紙にその記事が掲載された。提出されたウナギはルドルフ・フィルヒョウという教授のもとに送られて精査される。ドイツの水産局が送料を負担するとのことだった。派手な宣伝と、高額な賞金のおかげで、大量のウナギが荷造りされ、送られてきた。ドイツ中から何百匹ものウナギ――食べかけのウナギや腐りかけたウナギ、寄生虫だらけのウナギが届いた。水産局が破産しそうな勢いで、ウナギが次々と届いた。それでも、卵をもつ性的に成熟したウナギは見つからなかった。

一八二四年になって、ようやくドイツの解剖学者のマルティン・ラトケが成熟した生殖器をもつメスのウナギを発見して、適正な解剖図を描いた。カーロ・モンディーニとは別の独自の発見だった。また一八五〇年には、ラトケは、完全に成熟した卵をもつウナギも発見した。その結果、モンディーニがおそらくすべての点で正しかったことが証明された。モンディーニが描いた生殖器は、ラトケの解剖図とそっくりで、ただしモンディーニが描いた卵のほうがかなり小さかったが、それは卵が成熟しきっていなかったせいだった。

ウナギの生殖に関する謎の半分が解明されたことで、あとの半分である幻の精巣探しが過熱するかと思われた。ところが最初はなかなかエンジンがかからなかった。ウナギは両性具有であると信じたがっている研究者が、まだ大勢いたからである。成熟したメスのウナギの生殖器の近くに見られた脂肪組織は、本当はオスの生殖器ではないか、と彼らは考えた。そうでなければ、どうしてこれほど長い間、科学はウナギの生殖の謎を解けなかったのだ？　と。

アマチュア研究者たちも、その多くが古びた、ちょっと空想的な説を信じたがった。一八六二年には、アマチュア研究者のデイヴィッド・ケアンクロスが『The Origin of the Silver Eel』（『銀ウナギの起源』）と題する本を執筆し、シチリア島の漁師たちに伝わる古い伝説を紹介して世間に広めた。それは、ウナギは生まれたときには甲虫のような姿をしており、ウナギが水中でも陸上でも生きられるのは、ウナギが元は昆虫であったことの証《あかし》である、という説だった。

カーロ・モンディーニの発見からおよそ一〇〇年後の一八七四年、ポーランドの動物学者であるシモン・シルスキーは、自身を含むトリエステの自然史博物館の研究者チームが、成熟したオスのウナギだと思われる個体をついに発見したと発表した。彼らがウナギの体内に見つけた小さな丸い臓器は、モンディーニやラトケの解剖図に描かれた生殖器とは違っていた。これこそ、あの幻のウナギの精巣かも知れなかった。しかし、あいにくシルスキーが描いたその臓器の解剖図は検証に足るものではなく、それが精液を作っていることも証明できなかったため、確証は何一つ得られなかった。学会はさらなる観察が必要だとした。

かくして、一八七六年の三月、カール・クラウスは、ウィーン大学の若き教え子の一人を、トリエステにある、自身が所長を務める研究所に急遽《きゅうきょ》派遣することに決めた。こうして一九歳のジークムント・フロイトは、ある日突然、地中海沿岸地方の簡素な研究室で、片手にナイフ、もう片方の手に死んだウナギをもつ日々を過ごすことになったのである。

*

一九歳のジークムント・フロイトは、若い胸を夢いっぱいに膨らませていた。一年前に訪れたイギリスのマンチェスターは、曇りがちで雨が多かったけれど、とても素晴らしかった。だからもっと旅をしたいと思っていたし、何よりも、実際的な研究にかける時間をもっと増やして、貪欲《どんよく》に学び、発見をし、生物の解剖図を描き、理解したいと心から願っていた。フロイトは研究室が好きだった。顕微鏡を通して見えるものは、いつでも絶対的な真実で、そこに偏見や迷信が入り込む余地はなかった。人類の知識はすべて研究室で生まれる。そう考えていたフロイトは、科学に関わる仕事に就く未来を思い描いていた。おそらくイギリスか、あるいはまったく別のどこかで。そして、人生を自然科学に、生物学か生理学などの具体的で現実的な学問に捧《ささ》げたいと真剣に考えていた。一八七六年に撮影された家族写真には、母のアマリアが腰掛けている椅子《いす》の背に手をかけて中央に立つ、三つ揃《ぞろ》いの背広を着て髪を横分けにし、よく手入れされた黒いあごひげを生やした、兄弟の中で一番長身のフロイトが写っている。まっすぐカメラを見つめるその視線はゆるぎなく、何が起きても動じない、というふうに見える。

そんな一九歳の青年が、一八七六年の春、ウナギの謎《なぞ》を解明し、科学の歴史に名を刻みたいという野心を胸にトリエステにやってきた。アドリア海の北東の端に位置するトリエステは、当時はオーストリア＝ハンガリー帝国の領土で、海軍基地と巨大な港を擁する重要な都市だった。一八六九年にスエズ運河が開通したあとは、アジアへの通用口ともなっていた。コーヒー、米、香辛料が町の船着き場に降ろされた。港には世界中から船がやってきて、ヨーロッパの各地から人が集まってきた。イタリア人やオーストリア人、スロヴェニア人、ドイツ人、それにギリシャ人もいた。またはるか昔の古代ローマ時代には、トリエステは巡礼者の目的地であり、彼らが行き交う場所でもあって、ありとあらゆる言語や文化が混ざり合う場所だった。フライベルクやウィーンと比べても、トリエステが複雑で謎めいた都市であることは間違いなかった。

では、若いフロイトは、そのトリエステで何を見つけたのか？　それについては多くのことがわかっている。なぜなら、フロイトは幼なじみのエドゥワルト・ジルバシュタインに、トリエステでの出来事を伝える手紙を何通も書いているからだ。手紙はスペイン語で——ふたりはスペイン語を学んでいたときに親しい友人となったので——書かれ、町やレストランの様子、さまざまな店や住人のことが綴《つづ》られていた。ときどき、言葉の選択がおかしいと思われることがあるのは、スペイン語が母語ではなかったからかもしれないが、むしろ友人同士の暗号のようなものであったのかもしれない。

たとえば三月二八日付けの最初の短い手紙には、トリエステは素晴らしくきれいな町で「las bestias son muy bellas bestias」（ここの動物はみなとても美しい）と書かれている。「動物」とは女性のことだった。トリエステでの最初の数日間にフロイトを何よりも魅了したのは、この地の女性たちだったようだ。到着初日に、出会う女性がみんな「女神」のように見えることに驚いた、とも書いている。女性たちの外見や体型がいかに優れているかについて、手紙で事細かく報告し、みんなほっそりとして背が高く、鼻筋が通って眉《まゆ》が濃く、肌はありえないほど白く、髪を美しく整え、なかには、巻毛を片方の目が隠れるほど垂らして、こちらを誘っているかのように見える女性もいる、と述べている。近隣の町、ムッジャを訪れたときには、あの町の女性は多産であるに違いない、というのも、出会った女性はほとんど全員が妊婦だったからで、あれでは、地元の助産婦も食いっぱぐれることはないだろう、と書いた。さらに、この地域の「海洋動物相」の影響で女性たちが「一年中妊娠しやすく」なっているのだろうか、それとも全員がある決まった時期に妊娠するのだろうか、と皮肉めかした推理をし、「その答えは、未来の生物学者に委《ゆだ》ねたい」と締めくくった。

フロイトは、まるで科学者が分析するように女性たちを観察し、その特徴を書き記しているが、一方で、女性はフロイトにとって、馴染《なじ》みのない、いわば自分とは別の種に属する生物だった。結局のところ、フロイトがトリエステで女性と親しくなった形跡はなく、やがてこの町に対する彼の態度や気分は変わっていく。ジルバシュタインへの手紙に、自分が置かれている状況に対する不満をぶちまけるようになっていった。フロイトは、自分を魅了し、誘惑する若い女性や年上の女性たちに、心をかき乱されていたのである。そしてこの町の女たちは化粧が濃い、と非難した。女たちはいつも窓際《まどぎわ》に座って、通りを歩く男たちに笑いかけ、目を見つめてくるのだ、と書いた。そしてちょっと自嘲《じちょう》めかして、女とは距離を置かねばならない、仕事に集中するために、と続けた。

ところがある日突然、フロイトは、トリエステの女性はみんな「brutta, brutta」、つまりひどく不器量だと書くようになった。目標としてきた冷静で緻密《ちみつ》な科学者像にそぐわない自身の感情に気づいて、戸惑っていたのかもしれない。トリエステでは若い娘もみんな化粧をしていると書いたあと、フロイトは「人間を解剖することは許されていないから、女性のことはさっぱりわからない」と続けている。

異性への関心に心を乱されまいとするかのように、フロイトは仕事に打ち込んだ。専用の研究室をあてがわれた研究所は、アドリア海のすぐ近くにあった。フロイトは、「五秒も歩けばアドリア海の波の音が聞こえてくる」と幼なじみへの手紙に書き、仕事場の様子を詳細に伝えた。

「研究室は手狭で、妙な間取りになっている。窓に向かって置かれた大机には引き出しが驚くほどたくさんあり、その脇《わき》に本やその他の器具を置くためのサイドテーブルがある。椅子が三脚。それぞれ二〇本ばかりの試験管を並べた棚がいくつかある。忘れてはならないのが大きなドアの存在で、その先は戸外につながっている。大机の左側の隅には顕微鏡、右の隅には解剖皿がある。机の真ん中あたりに紙の束と四本の鉛筆が転がっている（だから僕の解剖図は漫画のようなもので、大した価値はない）。正面には、たくさんのガラス瓶や金属皿、ボウル、それに海水を満たした水槽が並んでいて、水槽には小さなウナギに混じってやや大きめのウナギも入っている。それらの間に試験管や解剖道具、注射針、顕微鏡のスライド板とカバーガラスが散乱している。おかげで忙しく作業しているときは、手の置き場もないほどだ。その机の前で、朝の八時から一二時まで、その後は午後の一時から六時まで、仕事に打ち込んでいる」

　フロイトは毎朝、漁師たちがその日の水揚げ――カゴ何杯ものよく太ったアドリア海産のウナギ――を持ち帰る時刻に港にでかけ、ウナギを受け取るとまっすぐ研究所に戻って仕事に取り掛かった。フロイトは、簡単な絵を添えた手紙で、ジルバシュタインに研究の対象であるウナギについて説明している。

「君もウナギは知っているだろう。ウナギは昔からメスしか確認されていないのだ。あのアリストテレスでさえ、オスがどんなふうにこの世に現れるかわからず、ウナギは泥から生まれると考えていた。中世には、オスのウナギを探し求める熱狂的な人々が後を絶たず、それは今も変わっていない。動物学の世界には、出生証明書などないし、生物は――パネートの理論によれば――観察される前から活動しているから、外見的な性差が認められない限り、オスとメスを区別することはできない。その生物には本当に性差があるということがまず証明される必要があり、それができるのは解剖学者だけだ（ウナギが日記をつけていて、その日記から研究者が性別を推測するなんてことはありえないから）。解剖学者がウナギを解剖し、精巣か卵巣を見つけなくてはならない……ついこの間、トリエステのある動物学者がウナギの精巣を発見し、つまりオスのウナギを見つけたと主張したのだが、どうやらその彼は顕微鏡というものを知らなかったようで、そのウナギの精密な解剖図を描くことができなかったのだ」

来る日も来る日も、フロイトは研究室の机に向かってウナギを切り刻み、顕微鏡を凝視して精巣を探し、観察記録をつけ、ウナギの謎の答えを探し続けた。答えはすべて顕微鏡の下に現れるはずだった——科学はそれを約束しており、もしもその約束が果たされないのなら、一体何を信じればいいのだろう？

しかし、ウナギの精巣は一つも見つからず、フロイトは次第に鬱屈《うっくつ》をつのらせていった。毎晩六時半になると、フロイトはさまざまな店やレストランが並ぶトリエステの狭い路地を通って海へと向かった。沈みかけた太陽の光を受けて鏡のようにキラキラ光る海面が、その下に棲《す》むすべての生物を覆い隠していた。あたりには、沖仲仕がドイツ語やスロヴェニア語、イタリア語で呼び交わす声が響き、香辛料とコーヒーの香りが漂っている。漁師たちが最後の水揚げをカゴに詰め、濃いアイシャドウをひいた女たちが広場に面した酒場に入っていく。それらすべてを見ているフロイトの頭にあるのは……ウナギのことだ。

「僕の両手はあの海の生物の白い血や赤い血に染まり、目を閉じれば浮かんでくるのはぬめぬめ光る死んだ組織ばかり。それは夢にも現れて、頭の中はあの壮大な謎、全人類が躍起になって答えを探し求めている、精巣や卵巣に関わる重大な謎のことでいっぱいなのだ」

ほぼひと月近く、フロイトは殺風景な研究室にこもって、単調で実りのない作業に没頭していたが、ついに失敗を認めざるを得なくなる。彼は、トリエステに探しに来たものを、まだ見つけられずにいた。オスのウナギの生殖器と、ウナギの謎についての決定的な答えのことだ。「オスのウナギを見つけようとして、やみくもに多くのウナギを傷つけ、無理を重ねてきたが、解剖したウナギはすべてメスだった」とフロイトは幼なじみへの手紙に書いた。

これは若きジークムント・フロイトに与えられたはじめての研究課題であり、それはどうやら失敗に終わりそうだった。フロイトは何週間も机の前から離れず、ひたすらウナギを解剖し、その生命のない冷たい体を、生殖器を求めてくまなく観察し続けた。朝から晩まで、ウナギの粘液にまみれ、体中に死んだウナギの臭いを染みつけて作業した。それでもたった一つの精巣さえ見つからなかった。四〇〇匹以上のウナギを解剖して、オスは一匹もいなかった。ウナギの体のどこを探せばいいのかもはっきりわかっていたし、探している精巣がどんな形であるはずかも説明することができた。それでもなお、その探しているものを見つけられなかったのだ。

友人のエドゥワルト・ジルバシュタイン宛《あて》のある手紙には、文字の間を縫うように泳ぐウナギが描かれている。ウナギの口元にはかすかにあざ笑うような笑みが浮かんでいる。フロイトはこの手紙の中で、ウナギのことを、以前ウナギとは別の、しかし同じように不可解な生き物を言い表すのに使ったのと同じ言葉で言い表した。それは「las bestias」（動物たち）という言葉だ。

*

では、ジークムント・フロイトはトリエステで何を見つけたのか？　少なくとも、深く隠されている真実もある、とはじめて気づいたのではないだろうか。ウナギについても、人についても。こうしてウナギは、近代の精神分析に大きな影響を与えることになったのである。

一九歳のフロイトは、若く、野心に満ちた研究者だった。何世紀にもわたって科学者を翻弄《ほんろう》し続けてきた、「ウナギはどのように繁殖するのか？」という疑問を解明する画期的な報告書を書くつもりでトリエステにやってきたフロイトは、研究における忍耐力と体系的な観察の重要性を嫌というほど学んだことだろう。そしてそのとき学んだことを、のちに精神分析用ソファの上の患者たちのために使うことになったのだ。

フロイトはまた、科学への揺るぎない信頼と、科学のために進んで努力してきた人間は必ず報われる、という信念を胸にトリエステにやってきた。ところがウナギは、フロイト自身と科学の限界を彼に見せつけた。フロイトがのぞきこむ顕微鏡の下に真実はなかった。ウナギの謎の答えは依然として見つからなかった。一年後に書き上げた報告書の結びで、フロイトはウナギの性別と繁殖法について、証拠を挙げて断定できることは何一つない、と認めざるを得なかった。投げやりとも言えるほど淡々とした筆致で、「葉状の器官を顕微鏡で精査するも、それをウナギの精巣だと断定する決定的な根拠はなく、それを否定するに足る十分な理由もない」と締めくくった。

ウナギは、ジークムント・フロイトの追究をすりぬけた。おそらくそれが、彼が最終的に純粋な自然科学を捨てて、より複雑で数量化できない、精神分析という学問分野を選んだ一つの理由だろう。のちにフロイトの関心が向かった先を考えると、ウナギが何についてフロイトを煙《けむ》に巻いたかは皮肉なめぐり合わせに思える。ウナギがフロイトに明かさなかったのはその性行動だった。やがて性と性衝動に関する二〇世紀を代表する学説を築き上げることになる人物で、人の心の内面を、過去の誰にもまして深く掘り下げたフロイトも、ウナギに関してはその生殖器の場所を突き止めることもできなかった、ということだ。ウナギの精巣を探しにトリエステに向かったフロイトが見つけたのは、ウナギの謎は永遠だという事実だけだった。魚の性行動を理解しようとした彼が発見したのは、せいぜいのところが自分の性衝動だけだった。

　フロイトと海洋生物の間に、そもそもちょっとしたいわくつきの関係があったことも、また皮肉な話だった。少年時代のフロイトが、ギーゼラ・フルスという名の少女に淡い恋心を抱いていたことはよく知られている。その恋は、一八七一年に、ギーゼラが両親と暮らすフライベルクの家に、一五歳のフロイトが一時期間借りしたのをきっかけに始まった。フロイトが、当時まだ一二歳だったギーゼラに夢中になってしまったのは明らかで、彼女がどれほどきれいで魅力的であるかについて、フロイトはなんと、あのエドゥワルト・ジルバシュタインに手紙でとくとくと説明した。これはおそらく、彼がはじめて体験した性への目覚めだったのだろうが、いずれにせよ、それは抑制と欲求不満に終わってしまった。数年後にギーゼラが他の誰かと結婚すると、フロイトは彼女のことを、恐竜と同じ頃に生存していた先史時代の海洋爬虫類《はちゅうるい》の学名、

「イクシアソー」、つまり「魚竜」という渾名《あだな》で呼ぶようになった。

フロイトにとって、それは明らかに一種の青臭い言葉遊びだった。フルスは「川」とか「流れ」を意味する。そのフルス家の一員であるギーゼラはいわば海の怪物で、たとえば意識下でひそかにうごめく性衝動のように、抑圧されて不満を感じさせるものすべてを象徴するものだった。また、フロイトがギーゼラに先史時代の海洋生物の渾名をつけたのは、彼女に対して感じた青年期の抑えきれない衝動は、もはや過去のものであると自分に言い聞かせるための、彼なりのやり方だったのかもしれない。フロイトは、もう二度と誰にも、何事にも心を奪われないと心に決めていた――トリエステの「動物たち」が、彼が初めて出会ったイクシアソーの子孫さながらに、目の前に現れるまでは。

トリエステでの研究の日々を終えたフロイトが再び性の問題に取り組むようになったのは、それから何年もあとのことだった。そしてそのときフロイトが関心をもったのは、隠れた、あるいは抑圧された性衝動だった。

フロイトの「去勢不安」理論は、子どもはごく幼いときに、ペニスを切除されたり、身体を傷つけられたりして、性的特徴を奪われ、貶《おとし》められ、無害な存在にされることを恐れるようになる、という前提に立っている。男の子は四、五歳になると、母親に対する無意識の性的願望をもつようになり、父親をライバル視するようになる。そして、そのような欲求をもっていることを父親に罰せられることを恐れる一方で、恥の意識や劣等感も抱いている。この世界において自分が取るに足らない存在であるという自覚が生まれ、それが自我の形成につながる。やがて、母親への強い思慕は薄れていき、代わりに父親への同一視が生まれ、自分は父親と同じ男なのだと考えるようになる。そして、この過程におけるもっとも重要な瞬間が、フロイトの考えでは、女性はペニスをもっていないということに男の子が気づくときなのである。つまり、男の子は女性を見て、彼女たちが男性器をもたないことに気づき、まさにそのとき、自分が男性であることと、この世界における自分の地位に気づく、ということだ。

フロイトの「ペニス羨望《せんぼう》」理論も、「去勢不安」と関連はあるが、こちらは女性の性心理の発達に関するものだ。女の子も、最初は男の子と同じように母親との強い絆《きずな》を感じている、とフロイトは言う。ところが、自分にも母親にもペニスがないと気づくと、徐々に母親から離れて、父親に惹《ひ》かれるようになっていく。女の子はペニスを権力と活力の象徴だと捉《とら》える。こうして、この世界における自分たちの地位に気づいた女の子は、ペニスをもつ男性に羨望を感じ、自分を責めるようになり、その感情は母親へと向かう。自分に欠けているもの、男性の性器をもっていないことに気づいた女の子は、そのとき自分が女性であること、そして女性であることの限界を自覚する。

フロイトのこの二つの理論は、公表されて以来、異なるさまざまな観点から、繰り返し反論されてきた。そもそも、男性の生殖器が、あるいはそれを持っているかどうかが、人の性心理の発達にそれほど重要な役目を果たしうるものだろうか？　あまりにもばかげていて、滑稽《こっけい》でさえある。これらの理論は、はるか昔の、今とは別の歴史的背景から生まれた考えだ。今現在認められている科学的方法から逸脱している。抑圧され、隠された心の奥底についての理論で、体系的に観察することも、証拠を示して立証することも否定することもできない。顕微鏡によって証明できる種類の真実ではない、と。

それでも、フロイトのこの学説が、彼の経験に基づくものであることは間違いない。トリエステの狭い研究室で作業に打ち込む若き日のフロイトが目に浮かぶ。故郷を遠く離れて馴染みのない町にやってきた、白衣を着て眼鏡をかけた、手入れの行き届いた濃いあごひげを生やした若者が。小さな窓に向かって置かれた机の脇に立つ彼の手には、ぬめぬめした死んだウナギが握られている。彼は顕微鏡を、これまでの四〇〇回と同じようにのぞきこむが、レンズの向こうに見えるのはもはやただのウナギではなく、彼の姿そのものなのだ。

フロイト青年の渾身《こんしん》の努力にもかかわらず、ウナギの生殖に関する謎はその後もしばらく解けないままだった。一八七九年、ドイツの海洋生物学者であるレオポルド・ジャコビーが、米国水産委員会宛の報告書に、やや落胆気味にこう記している。

「事情をよく知らない人は、きっと呆《あき》れることだろう。たしかに科学者にとっては屈辱的でさえある。世界の多くの地域において他のどんな魚よりもよく知られている……市場や食卓で毎日のように見かける魚が、現代の科学の強力な介入をすり抜けて、その繁殖の方法や誕生、そして暗い海底での死の有様を隠し続け、その秘密が今もなお解き明かされていない、ということは。ウナギの謎は、自然科学の誕生以来、ずっと存在し続けている」

フロイトとジャコビーが知らなかったのは、言うまでもなく、ウナギは必要な時期が来るまで観察可能な生殖器をもたない、ということだった。ウナギの変態は、新たな生活環境への外面的な適応というだけではない。ウナギの存在に関わる変化でもあるのだ。ウナギは必要な時期に、そのとき必要とされる姿になる。

＊

フロイトの研究が報われずに終わってから二〇年後、性的に成熟したオスの銀ウナギが、シチリア島のメッシーナ沖合でようやく発見された。こうしてついに、ウナギは魚である、と証明された。他の生物と何ら変わらない生き物である、と。

6 密漁

たまに、不法侵入してウナギを釣ることがあった。一番の理由は、そこが釣りやすかったからだ。細い道を行くのが正しいことだとしても、広い道のほうが往々にして歩きやすいものだ。祖母のナナと祖父が暮らす農場沿いにあるという理由で、僕たちはその川で釣りをすることを許されていたが、ただし片側だけ、つまり農場側の川べりだけと決まっていた。そして農場側の川べりは、釣りには不向きな場所でもあった。川は背の高い草が生い茂る土手の下にあって、ぬかるんだ急な斜面を下りて行かなくてはならなかったから。一方、川の向こう岸はこちら側とはまるで違っていた。平らな草地が水際までずっと広がっていた。向こう岸の漁業権は町のフィッシングクラブのものだった。

川の向こう岸は、僕たちにとっていわば夢の世界だった。釣りがしやすいように見えただけでなく、僕たちが抱いていた不公平感の象徴でもあった。週末になると、ポケットがたくさんついた緑色のスポーツジャケットに、妙に小さな帽子をかぶったフィッシングクラブの会員たちが、フライフィッシング用の高価な釣り竿《ざお》を手に、その広い草原に大勢集まってきた。光沢のある太い釣り糸を、頭の上で大きく弧を描くようにして川に投げ入れる。彼らが狙《ねら》っていたのは、川のヒエラルキーの上層部に位置する希少種のサケだった。

　僕たちは、あの川でサケを見たことはなかった。少なくとも生きているものは。一度、父さんがかなり大きい死んだサケを見つけたことがある。サケは腹を見せて浮かんでいた。父さんがそれを家に持ち帰った。よく太っている上に水を吸ってさらに膨れ上がり、重さは九キロ以上あった。でも臭いがひどかった。僕たちは両手で鼻と口を押さえながらその姿をじっくり眺めてから、お墓をつくった。

　ある夏のこと、父さんが古びた木製の手こぎボートを手に入れた。新聞広告で売りに出ていたのを、二〇〇クローナで買ったのだ。僕たちは、庭の芝生の上でボートにヤスリを掛け、ペンキで色を塗った。ボートは川の早瀬のすぐ上手の、あの柳の木につながれていて、ある夜のこと、いつものように川に到着すると父さんが、ボートで向こう岸に渡って、今夜はあっち側にはえなわを仕掛けようと言い出した。そんなこと考えたこともなかったけれど、急に名案に思えてきた。その時間帯に、向こう岸に誰もいないのはわかりきっていた。そもそも同じ川じゃないか。向こう岸はだめで、こっちならいいなんて、ちっとも現実的じゃない。それに、流れては消えていく川について、誰かのものだと言うこと自体おかしいじゃないか？

「ただし、列車が来たら隠れるんだぞ」と父さんが警告した。列車の線路は、草原の向こうに見える堤防の上を走っていた。列車は僕たちがいる場所から数百メートルほど離れたところにあるカーブを曲がって現れ、そのあとは川沿いを走るので、乗客は草原全体を川べりまで一望することができる。今夜たまたまフィッシングクラブの会員が乗り合わせていて、僕たちの密漁を目撃するかもしれず、そうなったら警報を鳴らされ、罪人のように現行犯で捕まるかもしれないのだ。

　僕たちはボートを漕《こ》いで向こう岸へ渡り、舟が流されないようにしっかり固定した。怖いような、ワクワクするような気分だった。釣り道具を手に川沿いを歩きながらふたりで話したのは、やっぱりこちら側は最高だね、ということばかりだった。そこはもはや夢の世界ではなく、僕たちは今現実にそこにいて、かき分けて進まねばならない夜露にぬれた草むらも、滑りそうになるぬかるんだ急な坂もなかった。ここで釣りをするのは、僕たちの道徳的義務でさえある、と僕は自分に言い聞かせた。

それでも、僕と父さんは、線路のほうをソワソワとうかがいながら、いつもより手早くはえなわを仕掛け、列車が近づいてくる音が少しでも聞こえたら、すぐさま逃げられるようにしていた。いざそれが現実に起きたときには、列車は僕の想像を遥《はる》かに超えるスピードでカーブを曲がってきた。僕たちは慌《あわ》てて懐中電灯を消し、草の上に身を伏せた。必死で地面に身体を押しつけて、草むらに身を隠そうとし、顔を隠し、息を殺した。列車は轟音《ごうおん》を立てて通り過ぎてゆき、その瞬間、まるで稲妻が時を止めたかのように草原中が明るく照らし出され、僕は、僕たちは絶対に見えていないはずだ、父さんも僕と同じように草むらに身を伏せていて、顔を隠し、息を殺しているはずだ、と考えていた。

でも今考えると、父さんはきっと楽しんでいたのだと思う。見つかることなど本気で恐れてはいなかったのに――一体誰がそう思うだろう？　見えたとしても、それが僕たちだとわかるはずがないのに？――僕のために、調子を合わせていたのだ。スリルを楽しめるように、全《すべ》てをお膳立《ぜんだ》てしてくれた。そうしなければ僕が飽きてしまうと思ったのかもしれない。

父さんがなぜそんな心配をしなくてはならなかったのかはよくわからないが――僕にとってウナギ釣りほど好きな遊びはなかったのだから――あれから長い年月が過ぎ

た今になって、僕は父さんは子どもの頃にウナギ釣りをしたことが本当にあったのだろうか、と疑いはじめている。父さんは子どもの頃からウナギ釣りをしてきた、と僕はずっと思い込んでいた。僕と父さんは、ふたりが生まれるずっと前から行なわれてきた慣習を継承しているのだと信じてきた。父さんは子どもの頃に誰かにしてもらったことを、自分の子どもである僕のためにしてくれているのであり、川べりでふたりで過ごしたあのいくつもの夜は、遠い昔から、時間と世代を超えて引き継がれてきたものなのだと思っていた。いわば儀式のようなものだと。

しかし、父さんはきっと自分の父親（彼が父《おやじ》と呼んでいた男《ひと》）と釣りをしたことなどなかったのだ。僕の祖父（僕が祖父《おじいちゃん》と呼んでいた男《ひと》）は釣りをやらなかった。すぐに役立つこと以外やらない人だった。働いて、寝て、食事は時間をかけず黙々と済ませた。祖父は絶対禁酒主義者で、酔っぱらいを毛嫌いしていた。僕が知る限り、一日も仕事を休んだことがなく、旅行に出かけたことも、外国に行ったこともなかった。ウナギ釣りのようなつまらないことに時間とエネルギーを費やすことは、祖父の好みではなかった。祖父にとって、ウナギ釣りは忍耐力を養うことではなく、時間を無駄にすることだった。何を命に通じる細い道だと考えるかは、人それぞれなのだ。

父さんはひとりでウナギを釣っていたのかもしれないし、まったく別の誰かと釣りをしたのかもしれない。どちらにしても、僕はそれについて何も知らない。あの頃父さんは、昔はこの川にも魚がいっぱいいた、川底にはウナギがうじゃうじゃいて、サケが川を上る春には、水面が銀色に輝いて見えた、と言っていた。でもあれは、経験から出た言葉ではなかったのだ。あれは父さんがどこかで聞きかじってきた、父さんが生まれる前の話だった。でも、父さん自身がウナギを釣り上げたり釣り逃したりしたときのことなら、僕もよく知っていた。僕も一緒にそこにいたから。父さんの経験は僕の経験でもあった。まるで、僕たちより以前には、何も存在していなかったかのように。

　本当にそうだったのだろうか？　ウナギ釣りは、僕と父さんが始めたことだったのだろうか。もしもそうなら、それは父さんが父《おやじ》と呼び、僕が祖父《おじいちゃん》と呼んでいた人が、本当は別の誰かだという事実と関係しているのだろうか？　川べりで父さんとふたりで過ごした夜は、父さんがもっていなかった何かを埋め合わせ、父さんが理想とする父と子の在り方を実現するためのものだったのか？　父さんは、自分にとっての細い道を進もうとしていたのか？

7 ウナギの繁殖地を発見したデンマーク人

ウナギを理解しようとする者は、いったいどれだけの覚悟が必要なのだろう？　あるいは、人を理解しようとする者は？　ヨハネス・シュミットが一九〇四年に蒸気船トア号に乗り込み、ウナギの繁殖地を探しに出かけたとき、彼は二七歳だった。そして、目的地にたどり着いたときには、二〇年近い歳月が流れていた。その数年後に、イギリスの海洋生物学者であるウォルター・ガースタングがシュミットへの讃歌《さんか》をしたため、のちにそれは、さまざまな生物の幼生期を謳《うた》う唯一《ゆいいつ》の詩集とさえ呼べる作品集として出版された。『Larval Forms, with Other Zoological Verses』（『幼生に寄せて：その他の動物学的な詩』）である。

古来の謎を解き明かしたデンマーク人たちに栄光あれ

彼らは長い歳月をかけ、少しずつ
その生活史を明らかにしていった
指揮を取るのはヨハネス・シュミット
「パパ」ピーターセンに助けられ
「トア号」と「デーナ号」の功績を
世界中の人々に知らしめた

ジークムント・フロイトによる、ウナギの精巣《せいそう》を探すトリエステでの研究が徒労に終わったあと、ウナギの生活史と生殖の謎を解明しようとする人類の不屈の探求は、多くの結果をもたらした。デンマークの海洋生物学者、Ｃ・Ｇ・ピーターセンは、一八九〇年代にウナギの最終的な変態の観察に成功し、すべてのウナギは海で繁殖するという説を発表した。あのアリストテレスも、成熟したウナギのなかには海に移動するものがいると知っていたことがわかっているし、一七世紀には、フランチェスコ・レディが、シラスウナギは春に沿岸部に現れて川を遡上《そじょう》すると述べている。しかしピーターセンは、ウナギの繁殖についてより詳しく説明することができた。特に注目すべきは、黄ウナギが銀ウナギへと変態する様子を観察し、詳述することに成功したことだ。それまでは、多くの人々が、黄ウナギと銀ウナギは別種の生物だと考えていた。どちらも同じ魚が変態したものであることを明確に示したのが、ピーターセンだったのだ。ピーターセンは、銀ウナギの消化器官が縮小して捕食しなくなるのを観察し、体内に生殖器官が発達し、ヒレや目が変化するのをその目で見た。この変化はどうやら繁殖のための準備であるようだった。

一八九六年には、イタリア人研究者のジョヴァンニ・バティスタ・グラッシとその門下生のサルヴァトーレ・カランドルーチョが、ウナギの最初の変態の仕組みを明らかにした。ふたりは、地中海で捕獲したさまざまな種類の幼生をシラスウナギと比較する、比較解剖学的な研究を実施し、レプトセファルス幼生 Leptocephalus brevirostris と呼ばれる柳の葉型の小さな生物は、ヨーロッパウナギ Anguilla anguilla の幼生であることに間違いない、と結論づけた。この幼生はそれまで、独立した一つの種であると考えられていた。それが今や、じつはウナギであるとわかったのである。さらに、グラッシとカランドルーチョは、変態の過程を目撃した初の研究者ともなった。シチリア島のメッシーナにある彼らの水槽の中で、柳の葉のような小さな生物がシラスウナギに変わる、驚くべき瞬間に立ち会えたのだ。

この発見に世間は騒然となった。「アリストテレスの時代から、自然科学者がこの謎の解明に心を奪われてきたことを考えると、我々の研究論文の概要を英国王立協会に提出する価値は十分あるのではないか、と考える」。グラッシはのちに、当時世界でもっとも権威ある雑誌の一つとされていた『英国王立協会紀要』に掲載された論文の中で、こう述べている。グラッシはこの論文で、ウナギの変態の第一段階であることが明らかになったこの幼生は比較的大きな目をもっており、そのことから推して、深海で孵化《ふか》したものと思われる、と記し、孵化場はおそらく地中海ではないか、と述べた。

二〇世紀のはじめには、黄ウナギは性的に成熟して銀ウナギになり、秋になると海に戻って二度と帰らない、ということがわかってきた。春になると、レプトセファルス幼生が、小さくて美味《おい》しいシラスウナギになって、ヨーロッパ沿岸に姿を現し、黄ウナギへと大きく成長するための住処《すみか》を探しに行く、ということも明らかになった。しかしその二つの事象の間に何が起きているのか？　そしてその場所は？

一九〇一年のこと、ドイツの動物学者、カール・H・アイゲンマンは、コロラド州のデンバーで開催されたアメリカ顕微鏡学会で「ウナギの謎の解明」と題する講演を行なった。しかしその演題は文字通りの意味ではなかった。彼はまだ、ウナギの謎の答えを見つけていなかった。アイゲンマンは、答えの代わりに、研究者の間では「重要な疑問はすべて解き明かされた、ウナギの謎を除いては」と言われている、というエピソードを紹介し、しかしウナギの謎自体が、今では変わってきている、と説明した。かつてウナギの謎は、ウナギとはそもそも何者なのか、魚か、あるいはまるで異なる生物なのか？　ということだった。これまで探求されてきたのはウナギの繁殖の謎であり――生殖器はあるのか、ウナギは胎生なのか、両性具有なのかどうか――ウナギの変態にどんな意味があるのか、ということだった。

しかし、二〇世紀を迎えたばかりの当時、ウナギの謎は次のように変化していた。成熟したウナギは、海に回帰したあと何をするのか？　ウナギはいつ、どこで産卵するのか？　ウナギはどこで死んでいくのか？

*

というわけで、銀ウナギはどこへ消えたのか？　柳の葉のような不思議な幼生はどこから来たのか？　ウナギはどこで生まれるのか？　これが、二七歳のヨハネス・シュミットが、一九〇四年の春に、その答えを探しに出かけた謎だった。

ヨハネス・シュミットは、デンマーク出身の海洋生物学者だった。幼少期は、コペンハーゲンから北に五〇キロほど離れたノースジーランドにある、イェガースプリス城の敷地内の、小さなレンガ造りの家で暮らしていた。父がその城の執事を務めていたからだ。シュミットは、大都市や科学の世界、そしてあのサルガッソー海からも遠く離れて、森と自然に囲まれた、穏やかで温かい環境で育った。

ところが、ヨハネス・シュミットはわずか七歳で父親を亡《な》くし、残された母親と二人の弟とともに、コペンハーゲンのヴェスターブロゲードに引っ越さなくてはならなくなる。そこは市内でも有数のにぎやかな通りで、これまでとはまったく別種の人々に囲まれた、まるで違う暮らしが始まった。そのことが、ヨハネス・シュミットの生活を、気持ちの上だけではなく、実際的にも大きく様変わりさせた。当時、シュミットの自宅からほんの数百メートル離れたところにカールスベルク醸造所があり、それよりもっと近くに、シュミットのおじのヨハン・キエルデイルが住んでいた。おじは醸造所内の研究所に勤務する科学者で、のちにシュミットもその研究所で科学の道に進むことになる。

七歳のシュミットが家族とともにコペンハーゲンに転居してきたその同じ年に、世界的に有名な化学者、ルイ・パスツールがコペンハーゲンを訪れた。パスツールは、食品を細菌や微生物から守る方法を開発した人物だ。彼の名を冠してパスチャライゼーションと名づけられたその低温殺菌法は、ビール醸造に欠かせない重要な技術だった。そういうわけで、コペンハーゲンを訪れたパスツールはもちろんカールスベルク醸造所に招待され、この偉大な科学者に大いに感銘を受けた醸造所のオーナーで新しもの好きのＪ・Ｃ・ヤコブセンは、資産を投じて社内に先進的な研究所を開設することを決めた。こうしてカールスベルクはビールの醸造だけでなく、現代的かつ先鋭的な研究をも行なうことになった。そして、ビールの醸造や食品の保存についての研究だけでなく、生物学や自然科学の先進的な基礎研究も手掛けるようになった。オーナーのヤコブセンにとって、これは会社の名誉のためだけでなく、商業的な計算に基づく事業でもあった。この決断のおかげで、家族経営の小さな醸造所だったカールスベルクは世界最大のビール会社の一つとなり、さらに社有の研究所は、回り回って、間接的にではあるが、ウナギと人類の距離を少し縮めることに貢献することになる。

コペンハーゲンに引っ越したあと、学校に入学したヨハネス・シュミットは、その後数年間おじのヨハンが勤めるカールスベルク研究所に通い詰め、おじの後をついて回っていた。おじとは一時一緒に住んでいたこともある。この研究所で、シュミットは科学的研究の基礎を学んだ。またこの研究所は、科学への情熱が——ものごとを観察し、詳細に記述し、理解したいという抗しがたい欲求が——彼の心に芽生えた場所でもあった。やがて幸運な研究者生活に入ったシュミットは、自身の研究のために世界中を旅したが、その資金を援助したのもカールスベルクだった。

一八九八年、ヨハネス・シュミットは植物学の学位を取得し、研究奨学金を得て、当時シャムと呼ばれていた国（現在のタイ）の植生の調査を開始した。一九〇三年にマングローブに関する博士論文を提出したが、まもなく彼の関心は海洋生物へと向かった。

一九〇三年九月一七日、シュミットはインゲボルグ・フェン・ダ・アキューレという女性と結婚。七歳ではじめてコペンハーゲンに来たときからの幼なじみで、カールスベルク醸造所の経営をＪ・Ｃ・ヤコブセンから引き継いだソレン・アントン・フェン・ダ・アキューレの娘だった。結婚式はカールスベルク家の教区教会であるコペンハーゲンのイエス教会で執り行なわれ、ふたりは一九〇四年の春にウスタブロゲーゼでアパートメントを買った。しかし家具を運び込む暇もなく、ヨハネス・シュミットはウナギの起源を探す船旅に出ることになる。

＊

「いわゆる淡水性のウナギの繁殖地と繁殖の方法をめぐる謎《なぞ》は、太古の昔からのものである」。ヨハネス・シュミットは、のちに王立協会に提出した論文にこう記し、「アリストテレスの時代から、多くの自然科学者がその謎の解明に没頭してきた。ヨーロッパのいくつかの地域では、一般の人々もその謎に大いに心を躍らせてきた」と述べた。

シュミットがplaces《繁殖地》と複数形を使ったのは、繁殖地が一箇所だとなぜ言えるのか？　という思いがあったからだ。そして彼はこの魅惑的な謎のことをずっと考え続けた。何世紀にもわたって数え切れないほどの科学者を虜《とりこ》にしてきたこの謎に、シュミットも心を奪われてしまったようだった。

「成熟したウナギが海のどこかへ消えてしまったことはわかっている。その海から数え切れないほどのシラスウナギが現れることも。しかし、成熟したウナギはどこへいったのか？　そしてシラスウナギはどこから来たのか？　さらには、ウナギの発達段階における、『シラスウナギ』期より以前のウナギはどんな姿をしているのか？　それらの疑問こそが今や『ウナギの謎』の中身である」

言いかえれば、ヨハネス・シュミットはウナギの謎の中のある一点に特にこだわっていた。イタリアの先人たち、グラッシとカランドルーチョは、ウナギは、少なくともイタリアのウナギは地中海で繁殖すると主張した。ウナギのレプトセファルス幼生が発見されたのがそこだけだった、というのが理由だった。一方で、地中海で捕獲された幼生は、体長がおよそ八センチから一〇センチと大きく、明らかに孵化直後のものではなかった。なぜ誰も、もっと小さい幼生を見つけられないのか？

折しも、まだ正式な任命さえ下りていなかった一九〇四年の五月に、まったくの偶然から、ヨハネス・シュミットはフェロー諸島（北大西洋に位置する当時のデンマーク領）西側の海域でレプトセファルス幼生の捕獲に成功した。体長はおよそ八センチとこれも大きめではあったが、地中海以外でウナギの幼生が発見されたのはこれが初めてであり、これにより、シュミットはグラッシとカランドルーチョがウナギの繁殖地を地中海だとしたのは、間違いだったと確信した。またシュミットは、ウナギの謎を解くためにはウナギが孵化した場所を遡《さかのぼ》って追跡する必要があり、つまりより小さな幼生を探し続けて、この広大な海のどこかで、孵化したばかりの柳の葉型の幼生を見つけられれば、そこがウナギの繁殖地である、ということに気づいた。まるで干し草の山の中から針を探すようなものだった。そして干し草の山とは、果てしなく広がる大海原のことだった。

「当初は、これほど大変な仕事になるとは予想もしていなかった。小さな幼生を見つけるという最も重要な目的についても、それらをどう解釈するかという点についても」とのちにシュミットは書いている。これは、どう考えても、お行儀のいい控えめな表現だった。

一九〇四年から一九一一年にかけて、ヨハネス・シュミットはトロール網（底引き網の一種）を引いた蒸気船でヨーロッパ沿岸の海を行ったり来たりした。北はアイスランドやフェロー諸島の沖合を進み、ノルウェーやデンマーク沖の北海を横切り、ヨーロッパ大陸の大西洋沿岸を南下し、モロッコやカナリア諸島を越えて、地中海をエジプト沿岸まで航行した。数多くのレプトセファルス幼生を捕獲したが、どれも最初に捕獲したのとほとんど変わらない大きさで、体長六センチから九センチというところだった。

七年以上調査を続けても何の進捗《しんちょく》もないことに、シュミットは落胆していたようだ。「やるべきことは年々増えていき、それは予想をはるかに上回る勢いだった」と記している。「しかもこの調査は、最初からずっと、適切な船や装備の欠如、資金不足という悪条件のもとにあった。じっさい、各方面からの多様な支援がなければ、とうの昔にあきらめていたに違いない」

それでも、はっきり言えることが少なくとも一つはある、とシュミットは考えていた。ヨーロッパ大陸の沿岸部で捕獲した幼生はすべて比較的大きなもので、明らかに孵化したばかりのものではなかったことから推測すると、どうやらウナギの繁殖地は沿岸部ではなさそうで、今後は、もっと沖合で調査を継続する必要がある、ということだ。蒸気船トア号にその仕事は無理だった。そこでヨハネス・シュミットは大西洋を航行する船をもつデンマークの船会社の協力を取りつけた。シュミットの指示のもとトロール網を装備した二三隻《せき》の大型の貨物船が、一九一一年から一九一四年にかけて、小さくて透明なウナギの幼生探しに加わった。貨物船の乗組員は、科学的訓練など受けておらず、装備もシュミットから与えられたトロール網しかなかったが、網を引いて船を航行させ、網を引き上げた地点を記録し、かかった捕獲物をデンマークの研究所に送るように、という指示を受けていた。貨物船は大西洋北部の海域を広範囲にわたって探索し、五〇〇〇体を超える幼生の捕獲を記録した。

シュミット自身は、一九一三年の夏にスクーナー船、マルガレーテ号で調査に出発した。デンマークのある会社からの借り物だった。その船で、幼生を求めてフェロー諸島からアゾレス諸島まで南下し、そこから西へと舵《かじ》を切ってニューファンドランド島まで進み、さらに南のカリブ海へと進んだ。

この徹底的な調査が実を結んだ。ほどなく彼は、ウナギの幼生の捕獲数は西へ行くほど多くなり、しかし大きさはより小さくなることに気づいた。そして、大西洋上の、フロリダと西アフリカを結ぶ線上のほぼ中間地点で、体長がたった三センチの幼生の捕獲に成功した。これは新記録だった。その後さらに西へ進んだシュミットは、ついに体長一・七センチ弱の幼生を発見することになる。

シュミットは、自身の調査隊が捕獲したものと、助《すけ》っ人《と》たちが捕獲してくれたものを含む、今にも壊れてしまいそうなレプトセファルス幼生のすべてを顕微鏡で観察し、計測し、詳細な記録を残した。体長、数、捕獲した場所の水深、日付、緯度と経度。ゆっくりではあるが着実に、シュミットは莫大《ばくだい》な数のデータを集積し、そのデータが彼を、自分でも気づかないうちに、じわじわとゴールへ導いていた。シュミットの一番の功績は、柳の葉型の小さな幼生の大西洋上の移動に、海流の強い流れが関わっていることに気づいていたことだ。また彼には他にも気づいていたことがあった。ほとんど偶然にではあったが。

　アメリカ大陸の川や水路を遡上するウナギは、ヨーロッパウナギとは別種のウナギであることはすでにわかっていた。アメリカウナギとヨーロッパウナギは見た目はほとんど同じで、同じように変態するが、ウナギ科の異なる種に属している。この二種の唯一の相違点は、ヨーロッパウナギ（Anguilla anguilla）のほうがアメリカウナギ（Anguilla rostrata）より椎骨《ついこつ》の数が多いことである。

　ヨハネス・シュミットの使命はもちろんヨーロッパウナギの繁殖地を特定することだったが、シュミットは、西へ西へと進むにつれて、アメリカウナギの幼生が多くなっていくことに気づいた。そしてそのことが厄介な問題を引き起こした。捕獲した幼生を計測し、個体数を記録するだけでなく、それぞれの個体がどちらの種に属するのか分類しなくてはならなくなったのだ。大海原で、縦に横に大きく揺れる船の上で、シュミットは柳の葉に似た小さな幼生を一つ残らず顕微鏡で調べて、背中の筋繊維の数を数えなくてはならなかった。幼生の筋繊維の数は、成熟したウナギの椎骨の数と一致する。だから筋繊維の数を調べることによって、その幼生がどちらの種に属するのか区別することができ、それができれば、それぞれの種がどこで多く見られるかを図示することができるのだ。結局わかったのは、大西洋の西側では両方の種が混在しているということだった。そこではヨーロッパウナギとアメリカウナギの幼生が混じり合い、海流に流されるままに漂っていると思われ、そのため一つの網に両方の種がかかったのだ。つまり、ヨーロッパウナギとアメリカウナギは外観がほとんど同じであるだけでなく、繁殖場所も同じである、と考えられる。

　もしもそれが事実なら――その場合は、ヨーロッパウナギの繁殖地を突き止めれば、自動的にアメリカウナギの繁殖地をも突き止めたことになる――一つだけわからないことがあった。自分がどちらの種に属するかを、個々の幼生はどのように知るのか？　ということだ。大西洋を海流に流されて浮遊する柳の葉型の小さな幼生は、どのようにして自分が行くべき方向を知るのか？　シュミットは、二種の幼生はどちらもメキシコ湾流に流されていくが、ある地点でそれぞれ別の方向へ向かうことがわかっている、と記している。アメリカウナギの幼生は、ある日突然方角を西へ取り、シラスウナギに変態して、アメリカ大陸の水路を上っていくが、ヨーロッパウナギの幼生はそのまま東へ進んで行く、と。「では、」とシュミットは続ける。「大西洋を西へと向かう幼生の群れは、いかにして自分の行くべき方向を知るのか？　Anguilla anguilla 種の個体はどのようにしてヨーロッパにたどりつき、Anguilla rostrata 種は、いかにしてアメリカや西インド諸島に『上陸』することになるのか？」

そして彼が導き出したのは、この一見よく似た二種の幼生は、別々の目的地へ向かうように生まれつきプログラムされているという答えだった。つまりこういうことだ。アメリカウナギの幼生はヨーロッパウナギの幼生より成長が早く、従ってアメリカ大陸沿岸部を通過する際には、メキシコ湾流の強い流れに抗《あらが》う力をもっている。そのためヨーロッパまでそのまま漂流していくことはない。アメリカウナギの幼生は、生まれてからたったの一年でシラスウナギへと変態するが、ヨーロッパウナギのほうは、その後さらに二年間も海流に流される旅を続け、三年後にようやくシラスウナギに姿を変えるのである。

ウナギが特殊なのはまさにこの点である、とヨハネス・シュミットは論じた。変態することでもなく、成熟した銀ウナギが海へと帰り、大海原を渡って産卵することでもない。「ウナギがほかの魚とも、ほかのどんな動物とも違っているのは、幼生期に広大な距離を移動することである」と。

＊

一九一四年の春には、ヨハネス・シュミットは目標達成まであと少しのところまで迫っていた。ウナギの繁殖地にじわじわと近づいていた。それまで積み上げてきたあらゆるデータが、同じ一つの方向を指し示していた。今や必要なのは、さらなる調査を進めることだけだ。科学的研究法――経験主義的で体系的な観察――が、ときに無駄とも思えた調査を一〇年間も続けた結果、ようやく実を結ぼうとしていた。いよいよ真実が、ヨハネス・シュミットの顕微鏡の下に現れることになる。一九一四年五月、シュミットは体長およそ八・五ミリのウナギの幼生を二体見つけたのだ。

しかし、ちょうど同じ頃に、シュミットの行く手を阻《はば》む二つのより現実的な問題が発生した。まず、スクーナー船マルガレーテ号が、カリブ海のセントトーマス島に座《ざ》礁《しょう》して沈没してしまった。幸い、収集された大量の検体は無事だったものの、シュミットは次のように書いている。「今、我々は船を失いセントトーマス島に上陸している。この状態でやるべき唯一のことは、貨物船から届けられた検体の観察をなんとか進めることだけだ」

それから間もない一九一四年の七月に、第一次世界大戦が勃発《ぼっぱつ》した。ウナギの繁殖地を隠す謎めいた場所だった大西洋は、突如として戦場となった。潜水艦隊が洋上を巡回し、ひるまずに向かってくるありとあらゆる船を威嚇《いかく》した。シュミットの調査に協力していた貨物船の何隻かが撃沈された。柳の葉のような透明な幼生を探して大海原を航行して回ることは、単に相当見込みの薄い労苦であるだけでなく、非常に危険な仕事ともなった。

それから五年もの間、ヨハネス・シュミットは、世界の強国間の無用な衝突が終結し、そんなことよりもっと緊急の、自身の仕事を再開できる日を研究室で待ち続けた。待っている間、シュミットはそれまで集めてきたデータの整理をし、検体を写真で撮影し、目録をつくり、図表や一覧表を作成した。彼はもどかしさでいっぱいだった。

「戦争が終わり次第」やるべきことがはっきりわかっていたからである。

一九二〇年、ヨーロッパの大部分が依然として瓦礫《がれき》に覆《おお》われていた時期に、ヨハネス・シュミットは調査航行を再開した。やむなく調査を中断していた期間に、それまで以上の装備をもつ船の準備を進めていた。コペンハーゲンのイースト・アジアチック・カンパニーを介して四本マストのスクーナー船、デーナ号を手に入れ、調査研究に必要な器具をすべてそろえた。しかし、何よりも重要だったのは、今やシュミットは、どこを探すべきか知っていた、ということだ。

一九二〇年から一九二一年の間に、デーナ号は大西洋の西側の海域で六千体を超えるレプトセファルス幼生を捕獲した。それをもとに、シュミットは、もっとも小さい幼生がどこで見つかったかを示す詳細な分布図を作成した。「ここで見つかった個体は非常に小さく、ウナギの卵がどこで孵化するかは、もはや疑う余地もないことである」とシュミットは結論づけた。

*

何かの起源を探している人は、自分自身の起源も探している。これは誰にでも当てはまることだろうか？　ヨハネス・シュミットもそうだったのか？　わずか七歳で父を亡くして以来、薄れる一方の父の記憶と生きてきたシュミットも？　シュミットは子どもの頃、ウナギ釣りをしたことがあったのだろうか？　ウナギをつかんで、その目が見てきたものをのぞき見ようとしたことは？　シュミットが最初の船旅に出発する数年前の一九〇一年に、シュミットのおじで、ときには父親代わりでもあったヨハン・キエルデイルが溺死《できし》した。また一九〇六年、シュミットがヨーロッパ大陸の沿岸部を船で行ったり来たりしている間に、母親もこの世を去った。どこまでも続く大海原を、未知の場所を探して西へと船を進めていたヨハネス・シュミットは、若くして、自分の起源につながるすべての人とのつながりを絶たれてしまった。

　そのことが彼にとって、本当のところどんな意味をもっていたのかは誰にもわからない。シュミットの経歴からは、少なくとも私たちが知りうる限りでは、彼が一生をかけてウナギの誕生の地を探そうとした理由は見当たらない。たしかに、シュミットは根っからの科学者だった。極めて有能である、と評されることも多かった。シュミットは対象を観察し、詳細に記録し、理解しようとした。なぜ、という疑問に苛《さいな》まれたこともほとんどなさそうだった。彼は、この世界とそこにおける自分の立場を淡々と受け止めていた。手紙や報告書の書きっぷりは、率直で礼儀正しかった。写真で見るシュミットは、人当たりがよく温厚そうで、たいてい三つ揃《ぞろ》いのスーツにボウタイ姿だった。動物好きで知られ、特に犬好きだった。しかし、彼がウナギの起源を探す旅に熱中した動機は今もなお謎のままだ。シュミットは中流階級の家庭で不自由なく育ち、幼い頃から科学に馴染《なじ》んできた。インゲボルグと結婚したことにより、コペンハーゲンの上流階級の一員ともなった。彼なら、もっと簡単で、もっと楽な道を選ぶこともできたはずだった。成功を測る一般的なものさし――富、幸福、地位――に当てはめてみれば、調査旅行に出ることで得るものよりも、失うもののほうが多いのは明らかだった。それにもかかわらず、ほぼ二〇年近い年月を、広大な大西洋を船で行ったり来たりし、柳の葉に似た小さくて透明な幼生探しに費やすことの意義を疑ったことは、一度もなかったように見える。

簡単に言えば、ヨハネス・シュミットはウナギの謎に、ヨーロッパウナギはどこで繁殖し、どのように生まれてどのように死ぬのかという、いまだ解き明かされていない謎に、すっかり魅了されていたのだ。「ウナギの生活史は、その興味深さの点においては、動物界のほかのどんな種にも勝っている、と私は考える」とシュミットは記した。

もしかすると、世の中には、好奇心をそそられる謎の答えを見つけると決めたら絶対諦《あきら》めない人たちがいて、求める答えを見つけるまでは、どんなに時間がかかっても、どんなに孤独でも、どんなに見込みがないように思えても、ひたすら努力し続ける、ということなのかもしれない。たとえば金羊毛皮（ギリシャ神話に出てくる秘宝の一つで、翼のある金色の羊の毛皮）を求めてアルゴ船で旅を続けたイアソンのように。

あるいは、ウナギの謎が、それに取り組む者を並外れて粘り強くするのかもしれない。著者自身、ウナギのことを詳しく知れば知るほど、そして、ウナギを理解するために、先人たちがどれほどの犠牲を払ってきたかを知れば知るほど、ますますそう考えたくなってくる。そして何よりも、ウナギの謎が人々の心を捉《とら》えて離さないのは、それが誰にとってもどこか馴染みのある謎だからだ、と信じたくなる。ウナギの起源とその長い回遊の旅は、我々人間にとって馴染みのない未知のものではあるけれど、一方で心当たりのある、よく知ってさえいることなのだ。海流に流されて生まれ故郷を離れていく長い旅路と、その故郷へ戻るときのさらに長く苦しい道のりは、我々人間が故郷に戻るときにもたどらなければならない道なのだ。

　サルガッソー海はこの世の終わりであり、しかしすべての始まりの場所でもある。これは大きな意味をもつ啓示だ。八月の終わりの夕暮れに、僕と父が釣り上げたあの淡黄色のウナギも、かつては柳の葉のような姿をしていたことがあって、僕には想像もつかない、おとぎ話の世界のような見知らぬ場所から、七千キロもの距離を漂流してきたのだ。釣り上げた黄ウナギをつかんでその目をのぞきこもうとしたとき、僕は既知の世界の向こうにある何かに近づいていた。それが、人がウナギの謎に魅了される理由だ。今やウナギの謎は、あらゆる人が心の内に抱えている疑問を思い出させるものとなった。自分は誰なのか？　どこから来て、どこへ向かうのか？　という問いを。

ヨハネス・シュミットもそうだったのだろうか？

そうかもしれない。しかしもちろん、そんなことなどまったく気にかけていなかった可能性もある。彼はただ難題を受けて立ち、やり遂げると心に決めたのだ。シュミットは解くべき謎――ウナギはどこで生まれるのか？――と、それを解き明かす方法を考案し、いわばその結果として、やるべき仕事がどんどん増えていった。シュミットは、柳の葉型の小さくて透明な幼生を収集した。そして、幼生を一体捕獲する度に、さらに小さな幼生を探すことが課題となった。ゴールポストがどんどん遠くへ移動していった。それだけのことだ。

そしてウナギは、シュミットが大西洋を行ったり来たりしていた間も、シュミットが乗り込む船の下の海で、いつもと変わらぬ行動をしていた。柳の葉のような無数の小さな幼生が、海流に乗って同じ方向に流されていき、成熟してよく太った銀ウナギが、ひたすらサルガッソー海を目指して、逆方向へ泳いでいた。生まれた場所を離れ、再びそこへ戻って行く謎に包まれたウナギの旅は、世界大戦も、人類の興味もどこ吹く風で、来る年も来る年も変わらず続いてきた。ヨハネス・シュミットが調査旅行に出発するずっと前から、アリストテレスが初めて見たウナギを理解しようと試みたときよりずっと以前から、この地球上に初めて人類が現れるその前から、そうしてきたように。ウナギは、ウナギの謎には何の関心もなかった。それはもちろんそうだろう。ウナギにしてみれば、そもそも謎でも何でもないことなのだから。

*

ヨハネス・シュミットの網羅的な論文は、一九二三年に王立協会が発行した『哲学紀要』に掲載され、二〇年近くに及ぶ彼の研究結果がようやく公表された。シュミットは、ウナギの産卵場だと思われる海域を、かなりの確実性をもって地図上にはっきりと示した。楕円《だえん》で囲まれたその場所は、今日サルガッソー海と呼ばれている海域とほぼ一致している。

論文概要で、シュミットは次のように述べている。「秋の数カ月間、銀ウナギは湖や川を離れて海へと向かう。淡水と海水が混ざる汽水域を越えると、ヨーロッパのほとんどの地域では、ウナギは観察されなくなる。ヨーロッパ大陸のはるか彼方《かなた》から水路を下ってきたウナギの群れは、もはや人間に追われる心配もなく、南西に針路を定めて大海原を進んでいく。幾世代にもわたって、彼らの祖先たちがやってきたように。その旅がどれほどの期間続くかはまだわかっていないが、彼らが目指す場所はわかっている。大西洋西部の、西インド諸島の北東および北側の海域である。そこにウナギの幼生の孵化場がある」

これが、人類が今——少なくともある程度の確からしさで——ウナギの繁殖地を知っている理由である。ウナギの繁殖に関する人類の知識はすべて、ヨハネス・シュミットの功績によるものだ。そして、今人類が知らないのは、なぜか？　ということだ。なぜそこなのか？　目的地にたどり着ける見込みの薄い長旅、数々の困難と変態にどんな意味があるのか？　ウナギはサルガッソー海で何を得るのか？

ヨハネス・シュミットなら、それはどうでもいいことだと答えたかもしれない。ウナギがそこに存在することが何より重要なのだ、と。この世界は、存在にまつわる不安や矛盾に満ちた不条理な場所だ。目的をもつ者だけが、最終的に人生の意味を見つけられる。目的をもっているウナギは幸福だと考えるべきだ、と。

そしてヨハネス・シュミットもまた幸福だった。シュミットは一九三〇年に英国王立協会から栄《は》えあるダーウィン・メダルを授与された。そして、それをもって彼の仕事は終わり、彼の物語は完結した。その三年後、シュミットは流感でこの世を去った。

8

流されずに泳ぐ

七月と八月はウナギ釣りに最適の季節だった。夏至より前にウナギ釣りをしたことは一度もない。「夏至の前にはえなわを仕掛けても無駄だ」と父さんはいつも言っていた。「空が明るすぎてウナギが餌《えさ》に食いつかない。夜空がもっと暗い季節にならないとだめなんだ」

父さんはよく、ウナギの闇《やみ》の話をした。夜の闇が一年で一番濃くなる季節にウナギはもっとも大胆になり、冒険心から、あるいはただの無謀さから人間の前に姿を現すのだ、と。

でももちろん、それは父さんの思い違いだった。いや、もしかすると、そのほうが楽だったから、あえてそう思いこもうとしていたのかもしれない。

たしかに、ウナギの闇、と呼ばれているものはある。それは夏の終わりに始まって、数カ月間続く。ちょうど銀ウナギがサルガッソー海を目指して川を下る時期で、多くのウナギが河口付近に仕掛けられた漁師の罠《わな》に誘い込まれてしまうのだ。でも、僕と父さんのウナギの闇は、それとは違っていた。ちょうど父さんの夏の休暇の時期で、そのときなら、夜遅くまで川べりで過ごすことができたのだ。

父さんはずっと働きづめだった。僕が生まれてからも、その前も道路舗装工をしていた。毎朝六時前に起きてコーヒーとサンドイッチの朝食を済ませると、七時前には仕事を始めていた。チームを組んで行なう作業だから、いわば鎖に繋《つな》がれていない囚人のようなもので、勝手は許されなかった。あちこちを回って新しい道路を舗装したり、古い道路を補修したりしていた。熱気と悪臭にさらされるきつい仕事だった。路床にアスファルトを広げる大型機械の運転を担当できればいい。しかし、タール混じりの煤煙《ばいえん》がもうもうと広がるその後ろを、スコップやトンボを手に歩いて作業する仕事を、誰かがやらなければならなかった。賃金は歩合制だったから、そんなふうにして何歩歩くか、スコップを何振りするかが収入を左右した。舗装工たちは朝の七時から昼まで働き、作業員詰所でコーヒーとサンドイッチの昼食を食べたあと、夕方四時までまた働いた。いつもより作業量が多い日は、もっと遅くまで働くこともあった。

父さんはたいてい四時半頃帰宅し、汚れた作業着を脱ぐとそのままベッドに直行した。汗だくの身体《からだ》は熱っぽく、くたくたに疲れていた。僕が部屋に入っても叱《しか》られはしなかったが、口数は少なかった。そして「ちょっとだけ休ませてくれ」と言った。ときにはそのままうたた寝することもあったけれど、半時間もすると、夕飯や、その日まだやらなくてはならないことのために起き出してきた。

父さんにとって、道路舗装の仕事はただの職業ではなく、必要不可欠な父さんの一部分でもあった。仕事は父さんを疲弊させたが、その一方で屈強にもした。仕事は父さんを形づくり、特徴を与えるものだった。父さんはがたいのいい男だった。それほど長身ではないが、筋肉質で、特に上半身がたくましかった。強靱《きょうじん》で屈強だった。固く引き締まった力強い上腕は、僕が両手の指をいっぱいに伸ばして輪っかを作っても届かないほど太かった。夏には上半身裸で仕事をしていたから濃い錆色《さびいろ》に日焼けして、前腕に入れた薄くなったタトゥーが、ほとんど見えなくなっていた（タトゥーは、父さんがまだ未成年の頃に、コペンハーゲンのニューハウンで酔った勢いで入れたもので、なぜ錨《いかり》を選んだのかはおそらく本人にも謎だっただろう。なにしろ、父さんは一度も海に行ったことがなかったのだから）。ずんぐりとした大きな手は、皮膚が革のように固く、分厚くなっていた。しかも片方の小指がなかった。父さんの小指は、繰り返す骨折のせいで醜く歪《ゆが》んで固まり、まるで大きすぎる鉤爪《かぎづめ》のようだった。そこで父さんは、医者にその小指を切り落としてくれと頼み、医者はそれを聞き入れたのだ。

父さんが何十年間も道路舗装工として働いてきたことは、見ればわかることだった。毎日のように運び、スコップで広げ、均《なら》してきた出来たてホカホカのアスファルトが身体に染みついてしまったかのようだった。父さんは身体の芯《しん》からタールの臭《にお》いがして、身体をきれいに洗って服を着替えても、それは消えなかった。その臭いは労働者階級の印だった。

一緒に車で出かけると、父さんはよく、舗装された路面を指さして「あれを造ったのは俺だ」と言っていた。道路舗装の仕事が好きで、問われれば、渋々ながらも自分の腕の良さを認めさえした。その道のプロとしての誇りは、誰もが感じるごく自然なものだった。誰にでもできるわけではない仕事を自分は見事にやってのけていて、自分が作り上げたものは相当長い間残るものであり、皆がその価値を認めている、と知っていることから生まれる誇りだ。

けれども父さんは、道路舗装の仕事に生きがいを感じてはいなかった。誇らしげな言葉は口先だけのものだった。自分のことを労働者と呼び、その言葉には、父さんの自己認識がよく表れていた。父さんにとって、仕事は選択の余地があるものではなかったのだろう。生まれながらの労働者で、父さんの存在意義は継承されたものだった。

父さんが労働者階級となったのは、自分よりずっと強大で権力をもつ何かによって、そうした人生が選択されたからだ。父さんの人生は、あらかじめ決められたものだった。

　しかし、父さんの人生が継承されたものだったとしたら、僕の人生はどうだったのか？　おそらくそれは——父さんの世代と僕の世代との間に起きたほんの小さな、目立たない変化がそこにある——言葉にされることはないけれど、ずっとそこにあった励ましの賜物《たまもの》だった。すべての扉が開かれているわけではないし、時間は思っている以上に短い。でももちろん、挑戦するのはいつだってお前の自由だ、と。

*

　夏の休暇中は、まだ日が高いうちに川べりに行くことがあった。そんなときにはいつものコウモリではなく、ツバメが空から急降下してきて水面をかすめて飛び去った。遠目にはツバメもコウモリも同じに見えたけれど、動きがまるで違っていた。川面《かわも》は日差しを浴びてキラキラと眩《まぶ》しく輝き、土手に生い茂る草がそよ風を受けてカサコソと音を立てていた。

　ある夕方、父さんと僕は川の早瀬のすぐ上手《かみて》にある柳の木の下にいた。

「ここから向こう岸まで泳いで渡れるか？」と父さんが言い出した。

「渡れるよ、もちろん」

「まっすぐ向こう岸まで行けたら、一〇クローナやろう」

「いいよ」

「ただしまっすぐだぞ。まっすぐ向こう岸までだ。流されちゃだめだ。流されずにまっすぐ泳いで渡れたら一〇クローナだ」

僕は着ていた服を脱いで川に足を踏み入れた。水は冷たく、濁っていた。僕は一瞬ためらった。

「あそこまでだ」と父さんは向こう岸を指差して言った。「この木から、あっちの岩までまっすぐ泳ぐんだぞ」

僕は流れのほうへ進んで泳ぎ始めた。一・五メートル近くまでは、うまくやれた。頭をあげて目標の岩から目を離さないようにした。このまままっすぐあの岩まで。特別難しいことではなさそうだった。ところが川の中ほどまで来た途端に流れが勢いを増した。川は、まるでテーブルからパンくずをはたき落とすような勢いで僕を巻き込んだ。一メートルほど流され、水面下に引き込まれて水を飲んだ僕は咳《せ》き込み、その後やっとの思いで、川の真ん中で、錨をおろした船のように数秒間留まっていることに成功した。僕は流されまいとして、両手両足で死にものぐるいで水をかいていた。とそのとき、ふいに身体が持ち上げられたと思うと前に押し出されていた。そしてほとんど飛び込むような勢いで向こう岸に打ちつけられた。震える足で岸に這《は》い上がると、そこは目標の岩から五メートルほど下流だった。

父さんが川の向こうで笑っていた。そしてこう声をかけてきた。

「チャンスはもう一回あるぞ。こっちへ戻ってこなくちゃならんからな」

「ボートで迎えに来てくれない？」と僕は大声で頼んだ。

「いや、だめだ。やってみろ。まっすぐだぞ」

僕は岩のところまで歩いていって、筋肉にたまった乳酸を振り払い、もう一度川に入った。今度は、最初から川上を目指して勢いよく泳ぎ出した。しばらくは、勢いにのって流れを斜めに遡ることができた。数秒間は、向こうに見える柳の木のすぐ右側を目指して進むことができたが、次の瞬間、川は何が起きているかを理解したかのように、強い力で乱暴に僕を下流へと押し流した。僕はなんとか岸まで泳ぎ着き、木の枝をつかんで乾いた地面の上に這い上がった。そこは柳の木から一メートルほど離れた場所だった。

「もう少しで賞金をもっていかれるところだった。危なかった」。父さんはそれだけ言うと、ウナギ釣りの道具を取りに行った。

僕はその場に残り、沈みかけた太陽の最後の光が濡《ぬ》れた身体を乾かしてくれるのを待っていた。父さんが戻って来ると、僕は服を着て、ふたりで川沿いを黙って歩いて行き、狭い出洲《でず》で釣りをしながら、はえなわを仕掛ける時間になるのを待った。僕は小さなパーチを釣り上げたが、針をおかしな具合に飲み込んでいたので、殺すことになってしまった。父さんは、釣り餌に使ってみようと言った。やがて太陽が地平線の向こうに姿を隠してしまうと、一匹のコウモリが僕たちの頭上を音も立てずにすばやく飛び去った。

「そろそろ時間だな」と父さんが言った。もちろん、僕がその一〇クローナを手にすることは、その後も一度もなかった。

9 ウナギを釣る人々

スウェーデンのスコーネ地方東海岸のハーネ湾には、ステンシュブドからオフュスにかけて南北に五〇キロメートルほど続く、珍しい浜がある。スウェーデンのウナギ浜としばしば呼ばれる場所である。

　美しい風景ではあるが、牧歌的な美しさとも人工的な美しさとも違う。そこには、どこか近づき難い種類の自然の美がある。ハーネ湾はゆるやかな弧を描いて伸びていて、ところどころに松の防風林が点在している。その松林の向こう側に細くて長い、ほとんど真っ白な砂浜が続いているのが、松林に沿って走る道路からときおり垣間見える。砂浜はまるで、ハーネ湾沿いに打ち捨てられ、日差しにさらされて色を失った細長い布のようだ。浜辺の向こうに広がる海は遠浅で、濃い青色をしている。

　浜のあちこちに、大きくて太い木製の柱が一箇所に七〜八本ずつ、等間隔に並んでいる。一見電柱のようだが電線はなく、無計画に立てられたもののようだ。この柱は釣り道具や網を架けて、乾かしたり、修理したりするためのもので、地平線から突き出すこの柱の群れがあるところには、ほぼ間違いなく小さな小屋が見つかる。たいていはレンガ造りか石造りの古びた建物で、砂浜に半分埋もれかけているものも多く、ほとんどすべてが海の方を向いている。これらはウナギ小屋と呼ばれている。

もっとも古いウナギ小屋は、一八世紀に建てられたものだ。この五〇キロメートルにわたる砂浜には、かつては少なくとも一〇〇のウナギ小屋が建ち並び、今もそのうちの五〇余りが残っている。ふつうは小屋を使っていた漁師の名前や、そのあたりを舞台とする伝説や神話にちなんだ名で呼ばれる。たとえば、兄弟の小屋、ジェッパの小屋、ニルの小屋、ハンサ小屋、双子《ふたご》小屋、王の小屋、密漁者の小屋、しっぽ小屋、カッコウ小屋、嘘《うそ》つきの小屋といったように。ウナギ小屋のいくつかは使われないまま放置され、いくつかは改装されて夏の間の浜辺のコテージとなっているが、わずかに、今も本来の目的のために使われているものがある。そこにいるのは、自然科学者とはまったく異なる種類の人々で、はるか昔からウナギと密接に関わってきたウナギ漁師である。

スウェーデンのこのウナギ浜で現在も暮らしている人はほんの少しで、ウナギ漁師は減る一方だが、ウナギ漁師の存在とその仕事は、ずっと昔からこの地域の生活を形作ってきた。何世紀にもわたり、ウナギ漁はこの地域の文化や伝統、言語の中心だった。ここでは、ほとんどすべての人が昔のウナギ漁師の名前を知っている。ほとんどの人が、一度か二度はウナギ祭に参加したことがある。ウナギ祭とは、夏の終わりか秋の初めに行なわれる、ウナギを祀《まつ》る特別な行事だ。ウナギと、それにまつわる伝統、そしてウナギについての知識が、この地域らしさを形作る重要な要素となっている。

そしてそれは、少なくとも中世の時代からそうだった。ウナギ浜でのウナギ漁はåldrätter と呼ばれる特別な漁業権を分配することによって管理されている。drätt はスウェーデン語の「引く」という意味の動詞から派生したもので、この地域で一般に使われているウナギ釣りの手法を意味する。漁業権は、民主化以前の封建時代に始まった旧弊なしくみで、それが現在まで残っている唯一《ゆいいつ》の場所がこのスウェーデンのウナギ浜なのだ。このしくみはスコーネ地方がまだデンマーク領だった時代に由来する。この制度について記載された現存するもっとも古い証拠文書は、一五一一年のもので、グリミングヒュスのイエンス・ホルガーセン・ウルフスタンドという名の人物が、大司教から漁業権を二件購入したと記されている。当時、漁業権は誰もが欲しがるものだった。ウナギはたくさん獲《と》れる上に大衆に人気のある食材だったからだ。その後、一六五八年にスコーネ地方がスウェーデン領になると、スウェーデン王がその地の漁業権を専有し、独裁主義的なスウェーデン化政策にのっとって、聖職者や貴族に漁業権を再配分するのと引き換えに、国王への忠誠を誓わせた。漁業権を手に入れた者たちは、その権利を漁師や農民に貸し出して儲《もう》けを得ていた。つまり、ウナギは権力を行使するための手段でもあったのだ。

その当時の名残として今も遺《のこ》るのがウナギ祭である。ウナギ祭を表すスウェーデン語、gille は、「負債」とか「支払い」を意味する gäld から派生した言葉で、漁業権を借りるために漁師が支払う使用料を指す。支払い期限はふつうはウナギ漁のシーズンが終わるときで、ウナギの現物で支払われた。つまり、ウナギは通貨の役割も果たしていた。

伝統的に、ウナギ祭には少なくとも四種類のウナギ料理を準備することになっている。この地方にはウナギを使ったたくさんの名物がある。焼いて、蒸して、スープにして。きれいに洗って一晩塩水に漬けたウナギを、湯通ししてからハンノキの薪《まき》で燻《いぶ》した燻製《くんせい》。「luad eel」と呼ばれる一品は、軽く塩をして焼串《やきぐし》に刺したウナギを、熱したオーブンで炙《あぶ》り焼きにしたもの。一口大に切ったウナギをライ麦を敷いた金属皿に並べて熱したオーブンで焼いた「Halmad eel」。「Pinna eel」は、塩をした小さめのウナギを、ハンノキやビャクシンの細枝を薪にして焼いたもの。「Sailor’s eel」は、黒ビールで蒸し煮にしてバターで炒《いた》めたウナギを燻製にした料理。「Fläk eel」は、骨を抜いてきれいに洗ったウナギに塩とヒメウイキョウを詰めてオーブンで焼いたものだ。こんなふうにして、ウナギはこの地域独特の食文化の中心となった。

　ウナギ浜は、全部で一四〇の漁業権に分割されている。それぞれの区画は、横幅が一五〇メートルから三〇〇メートル、海に向かって縦に一〇〇メートルほどの範囲に限られている。漁業権の所有者か、それを借りている者だけが、その区画内でウナギを釣ることを許される。漁業権で指定された区域にはそれに隣接してウナギ小屋が建てられた。簡素な建物で、貯蔵庫の他には、テーブル一つとベッドが数台置かれた狭い居住スペースがあるだけだ。ウナギ漁のシーズン中は、漁師たちは通常この小屋で寝泊まりし、釣り上げたウナギを入れた生簀《いけす》の見張りをしたり、嵐《あらし》に備えて、いつでも飛んでいって釣り道具を守れるようにしていた。ウナギ小屋がなかった時代には、漁師たちは木製のボートを浜の上で逆さにし、その下に藁《わら》を敷いて眠っていた。

　ウナギ漁のシーズンは、昔から三カ月間と決まっている。いわゆるウナギの闇と呼ばれる期間で、河口まで下って来た大量のウナギが、サルガッソー海を目指す道中にこのウナギ浜沿いの海を通りかかる。それらの、大西洋を横断する長旅に備えて脂肪を蓄えたよく太ったウナギこそ、漁師たちが求める獲物なのだ。通常、漁師たちは七月の末になるとウナギ釣りの罠を仕掛け、毎朝明け方にその日の獲物を調べに行く暮らしを一一月のはじめまで続けて、その後罠は撤去される。ウナギ漁のシーズンが終わり、ウナギの闇も終わる。

ウナギ漁は今もなお、家族ぐるみで行なわれる零細産業だ。土地柄が、またウナギそのものが大規模化にそぐわない。漁は主に、ホマと呼ばれる特殊な罠を使って行なわれる。引っ掛け錨で固定された浮きの両側に細長い網が取りつけられていて、網は先へいくほど細い袋状になっており、捕えたウナギが逃れられないしくみになっている。漁に使う小舟は、浅瀬でも進みやすく、浜に楽に引き上げられるように平底になっている。ホマも小舟も、昔から漁師が自分たちで作ってきた。

万物は変化する。もちろんそうだが、すっかり変わってしまうわけではない。タールを塗ったオーク材でできていた小舟は、今やプラスチック製になった。オールではなく、船外モーターが好まれるようになった。漁業権の支払いに現物のウナギが使用されることも、漁業権が親から子へ世襲されることもなくなった。女性のウナギ小屋やウナギ祭への立ち入りが許可されるようになった。しかしそれ以外については、昔ながらのやり方が今も継承されている。ウナギがそれを必要としているからであり、漁師がそれを望んでいるからでもあるが、もう一つの理由は、ウナギ浜の人々が、伝統を守り、知識を継承することを大切にしているからだ。こうしてウナギは、文化的遺産となったのである。

*

ウナギ漁師になろうと考える人はどんな人なのだろう？　彼らはウナギから何を得ているのだろう？　職業と収入、はもちろんだ。でもそれだけではない。たしかに、ウナギは古来、ヨーロッパの多くの地域で大切な食料とされてきたが、一筋縄ではいかない相手でもある。漁が難しく、わからないことが多く、謎《なぞ》めいていて、多くの人々にとっては単に気味の悪い生き物だった。漁師は、ウナギを釣るための特別な方法と仕掛けを編み出さなくてはならなかった。食材としてのウナギへの需要が高いにもかかわらず、その奇妙な習性のせいで、ウナギ漁産業はずっと零細産業のままだ。たとえばウナギは、サケと違って養殖に適さない。飼育下では決して繁殖しないからだ。ウナギは昔から、多くの人々にとって貴重な栄養源ではあるが、ウナギが特別に人間に協力的だったわけではない。ウナギを食べる人がどんどん減っていき、捕獲量が減少し続けている今、そもそもどうして、ウナギ漁師になろうと考えるのか？

スウェーデンのウナギ浜で出会った人にこの質問をすれば、その多くが、自分の意志で漁師になる者はめったにいない、と答えるだろう。人はウナギ漁師に生まれつく。何世代も前からそう決まっていることなのだ。ウナギ漁師になるための大学の履修課程や、職業訓練プログラムなどもちろんない。ウナギ漁師がもつ特別な知識は、学校の教室や研究室で教えられるものではない。それは、何世紀も前から受け継がれてきた太古の物語のように、わざわざ書いて残そうとは誰も思わないものなのだ。ホマの作り方、ウナギの皮を剝《は》ぐ手順、海の様子や天候からどんな情報を読み取り、水底のウナギの動きをどのように予測するか。これらの特殊な知識は時を超えて共有される経験であり、じっさいの仕事を通して継承されるものなのだ。だからこそ、ウナギ漁は家業として代々引き継がれてきた。そうした血筋に生まれていないのに、ウナギ漁師になる人はいない。また、その仕事を通して、漁業そのものよりももっと大きなものを守り、保存することに貢献している、と考えていない人が、ウナギ漁師になることもない。その大きなものとは、文化的遺産、伝統、そして知識である。

ウナギ漁をずっと重要な産業としてきたヨーロッパの地域に、誰もが知っているような大都市はほとんどない。ウナギ漁の中心都市は、人間の活動の中心都市とは様子が違う。そこは一風変わった場所で、暮らしているのも頑固で誇り高い変わり者たちだ。スウェーデンのウナギ浜の人々と同じように父親の代からの職業を受け継ぎ、きつい仕事と質素な暮らしによって鍛えられてきた。彼らは仕事に生きる意味を見つけ、その結果、ヨハネス・シュミットと同じように、ボートを漕《こ》ぎ出し、たとえ常識がやめておけと囁《ささや》いても、ウナギ漁を続けてきた。彼らはしばしばある種のアウトサイダー的な考え方と、当局者に対する懐疑的態度を身に着けている。ウナギ漁師は、スウェーデンのウナギ浜以外の多くの場所でも、一種独特な生き物なのである。

＊

スペインのバスク州では、冬から春の初めにかけてオリア川でシラスウナギ漁が行なわれる。ビスケー湾に注ぎ込むオリア川はバスクの山岳地帯を縫うように流れる川で、大西洋を数年間かけて漂ってきた透明なシラスウナギの群れが、そのあと一〇年か二〇年、あるいは三〇年間暮らす住処《すみか》を求めて遡上《そじょう》する川でもある。しかしシラスウナギの多くは、それほど遠くにたどり着けずに終わる。冷たい雨が降る夜、木製の小舟に乗った漁師たちが、川が海に流れ込む河口付近で、今にも壊れそうなシラスウナギを網ですくい取るからだ。

オリア川の河口から内陸部に数キロ入ったところにある小さな村の住人はたったの

六〇〇人だが、シラスウナギを捕獲して販売する会社が五つもある。ここでもまた、職業上の知識は時代を超えて継承されてきたものだ。シラスウナギは、夜空に少し雲がかかる満月か三日月の寒い夜に、潮の流れにのって河口付近に流れ着く。水面近くを浮遊するシラスウナギの大群は、まるでもつれ合う銀色の海藻の大きな塊のように見える。小舟に乗り込んだ漁師たちは、川面を静かに行き来する。舟の舳先《へさき》に掲げたランタンの灯りが、あたり一面に広がる生きた魚の絨毯《じゅうたん》に当たって眩しく反射する。漁師たちは、長い竿《さお》の先につけた丸形の網でシラスウナギを手ずからすくい取る。

　バスク州では、シラスウナギはごちそうとしてもてはやされているが、今ではそれもこの地方だけだ。この透明で壊れそうなウナギを食す習慣は、かつては世界の各地で見られた。イギリスでは、昔はセバーン川でシラスウナギ漁が行なわれていた。シラスウナギを生きたまま少量のベーコンと炒めたり、溶き卵と炒めてオムレツのように仕上げることもあった。いわゆるウナギケーキだ。イタリアでは、シラスウナギ漁は西側のアルノ川や、東側のコマッキオで行なわれていた。それらの地域では、ウナギをトマトソースで煮込んでパルメザンチーズを振りかける料理が人気だった。フランスのいくつかの地域にも、シラスウナギを食べる習慣があった。しかし今では、その伝統は廃《すた》れつつある。ヨーロッパ大陸の川を遡上するシラスウナギの数が激減してしまったせいで、川沿いに発達していたウナギ産業も存続できなくなった。今もなお、諦めずに漁を続けているのはバスク州の漁師だけなのだ。

　これにはもちろん、それ相応の理由がある。一つ目は経済的理由だ。バスク州のシラスウナギ漁には長い歴史がある。昔は、オリア川を遡上してくる大量のシラスウナギを、漁師は岸から網で何杯もすくい取って豚のエサにしていた、と言われている。しかし、シラスウナギが減少し、絶滅の危機が高まったことによって、シラスウナギの食品としての価値と需要が逆に高まった。これは人間特有の奇妙な心理だ。バスク州のレストランでは、シラスウナギは少量のニンニクとマイルドチリを効かせた最高級のオリーブオイルで軽く炒めて提供される。小さな陶器の皿に入れて熱々の状態で出てくるので、客は唇をやけどしないように、特別に用意された木製のフォークを使って食べる。高騰期《こうとうき》には、サン・セバスティアンの高級レストランでは、たったの二五〇グラムで六〇ドルも七〇ドルもすることがある。

　しかし、アギナガやオリア川沿いの村の漁師たちが家業のウナギ漁を続けているのには、他にも理由がある。単にやめたくないのだ。彼らは、シラスウナギ漁は自分たちに与えられた権利だと考えているから。その仕事は、祖先から継承したもので、その特別な漁の方法は、生活の糧《かて》を得るための手段であるだけでなく、彼らを彼らたらしめているものだから。またこの一帯は、バスク地方の分離独立を目指す民族組織、「バスク祖国と自由」の本拠地でもある。だからここの人々は、昔から自立的だった。四〇年間にわたり、スペインの総統、フランシスコ・フランコによって疎外《そがい》され、抑圧されてきた彼らは、マドリードやブリュッセルの役人たちによる権力争いに警戒を怠らなかった。だからこの地域では、政治家や専門家が何と言おうと、漁師たちは自作の網とランタンを手に川に通い続ける。ウナギ漁師の最後の一人がこの世を去るまで。あるいはウナギの最後の一匹がこの世からいなくなるまで。

*

北アイルランドのネイ湖のほとりでは、地元の漁師によるウナギ漁が少なくとも二千年前から続いている。この地域で漁獲されるウナギは、しばしばヨーロッパでもっとも品質の良いウナギとされる。ネイ湖はアイルランドの北東の端に位置する。イギリス諸島でもっとも大きな湖で、モーン山地の西側のちょっと寂しい場所にある。過酷な気象がほぼ一年中続き、激しい嵐に見舞われやすいことで知られている。それにもかかわらず、ここでの漁業はずっと変わらず続いている。なぜなら、それが代々続いてきた仕事だからだ。この土地とウナギの両方が、変わることを許さなかったからだ。ネイ湖で捕れるのはほとんどが黄ウナギで、漁にははえなわが使われている。一本の長い釣り糸に、たくさんの釣り針を結びつけた仕掛けで、その一つ一つに餌をつけて、ごく普通のボートから投げ入れる。最盛期には、ボート一つに二人の漁師が乗り込んで、一本に四〇〇個の釣り針をつけた釣り糸を四本、毎日仕掛ける。つまり、冷たい霧で指が凍りつくようにかじかむ早朝に、一日に一六〇〇個の釣り針に手作業で餌をつけ、釣り餌に獲物が食いついたかどうかを確かめねばならない。

　一日の水揚げは、ロンドンに出荷されるのが昔からの習わしだ。ウナギは、昔からロンドンで人気の食材で、小売店や屋台で売られていた。焼いたウナギのマッシュポテト添え。ぶつ切りにしたウナギをスープストックで茹《ゆ》でてからゼラチンで固めたウナギのゼリー寄せ。ウナギは、安くて栄養価の高い日常食と考えられており、とくにイーストエンドの労働者階級に馴染みの深い食材だった。脂《あぶら》がのっていて、タンパク質が豊富、肉よりもずっと安いウナギは貧しい人々に大人気で、予想されるように、富裕層からは嫌悪《けんお》されることも多かった。

　しかし、ネイ湖のウナギがロンドンに届けられた理由は、ロンドンっ子がウナギ好きだったから、というだけではなかった。そこには政治的理由もあった。一六世紀と一七世紀に、イングランドがアイルランドの大部分を植民地化したとき、イングランドはもっとも肥沃《ひよく》な農地だけでなく、価値の高い自然資源も没収した。一六〇五年、ネイ湖周辺に昔から暮らしていた人々は、漁業権を強制的に取り上げられ、その後三五〇年以上の間、漁業はイングランドの植民地支配者らによって取り仕切られることとなった。裕福なプロテスタント信者たちが、ウナギの捕獲量やその用途、漁師に支払う賃金を決めていた。漁師の多くは、所有していた農地から追い出され、食べていくために別の道を探さざるを得なかったカトリック信者の農民で、みな貧しく、無力だった。ウナギは、彼らが生き延びるための、切羽詰まった解決策だったのだ。

　ネイ湖周辺の漁業権はすべて、何百年もの間シャフツベリ伯爵《はくしゃく》が所有してきたが、二〇世紀中頃になって、リングという名称の共同企業体へ売却された。リングとは、ロンドン在住の数名の富裕なウナギ商人の共同体である。このリングがネイ湖周辺のウナギ漁を取り仕切っていた一九六五年に、カトリックの漁師らが結束してネイ湖漁業協同組合を立ち上げた。組合は共同で資金を調達し、ネイ湖の漁業権の二〇パーセントを買い取ることに成功した。その後の数年をかけてさらに資金を集めて残り八〇パーセントも買い取った。これが、北アイルランド紛争と同じ時期の出来事だったのは偶然ではない。リングの複数の会員が、暴力的な脅しによって漁業権の持ち分を無理やり売却させられた、と証言した。リングの漁船が攻撃された、と証言する者もいた。漁業協同組合のウナギ漁師は、ひとり残らずアイルランド共和軍（アイルランド独立闘争を行なう武装組織）のメンバーだ、と噂《うわさ》された。

　こうして、ウナギは北アイルランド紛争に巻き込まれた。それは常に、宗教だけでなく、階級、権力、所有権、富、そして貧しさと大きな関わりのある暴力的な争いだった。現在は、ネイ湖での漁業は一〇〇パーセント、ネイ湖漁業協同組合の管理下にあり、ウナギ漁を今も続けている人々は、自分たちの出自を忘れるつもりはない。頑《かたく》ななまでの誇りに突き動かされて、釣り針に餌をつけ、はえなわを仕掛け続けている。なぜならそれはずっと続けられてきたことであり、これからも続けられるべきものだからである。

*

　そして今、これらすべてが消え去ろうとしている。文化的遺産と伝統が。地域の名物料理が。ウナギ小屋が、釣り舟が、釣り道具が。代々伝えられてきた知識が。そしてついには、それらすべてについての記憶そのものまでが。

ネイ湖周辺やバスク州のアギナガ、そしてスウェーデンのウナギ浜では、少なくともそう危惧《きぐ》されている。なぜなら、ウナギが減少していることを受けて、ウナギを保護しようという声が高まっているからだ。すでにシラスウナギ漁は、ヨーロッパ大陸の各地で禁止されている。科学者や政治家は、ヨーロッパ全土におけるシラスウナギ漁禁止に向けて動いている。

勝手にしろ、と漁師たちは言う。しかし言っておくが、おまえらは俺たちの生活の糧を奪っているだけじゃない。伝統、知識、そしてこの世に二つとない、歴史ある文化的遺産まで失われてしまうことになるんだ。そのうえ、と漁師は主張する。人間とウナギの関係までが危うくなる。人間がウナギを獲らなくなれば――捕まえて、殺して、食べるのをやめれば――人々はウナギに関心をもたなくなる。人がウナギへの興味を失えば、ウナギはいずれこの世から姿を消すことになる、と。

これが、ネイ湖漁業協同組合が、近年、ウナギ漁と同じくらいウナギの保護に力を入れている理由だ。なかでも注目すべきは、シラスウナギを買って湖に放流する、というお金のかかる大規模なプロジェクトを行なっていることだ。スウェーデンのウナギ浜の漁師たちも結束し、ウナギの窮状を人々に周知するために奔走している。彼らはウナギ基金なるものを設立し、ネイ湖の漁業組合と同様に、ウナギを放流して、その減少を食い止めようとしている。二〇一二年に設立されたウナギ浜文化財協会は、スウェーデンにおけるウナギ漁とその伝統を、無形文化遺産登録することを目標としている。協会のウェブサイトにはこう記されている。「ウナギ漁を完全に禁止することは、生活文化や地域の手工業、そして継承されてきたその土地ならではの郷土料理を、過去のものにしてしまうことである。浜辺に建つウナギ小屋は、富裕層のための夏の別荘となってしまうだろう。歴史が沈黙してしまう。ウナギへの関心が失われ、ウナギそのものが消え失《う》せることになる」

これは大いなる逆説であり、現代におけるウナギの謎の一つとなっている。ウナギを理解するためには、ウナギに関心をもつ必要があり、関心をもつためには、これからもウナギを捕り、殺し、食べ続けなくてはならない（少なくとも、大多数の人よりウナギと密接に関わっている人々の考えによれば）。ウナギは決して、ただのウナギであることを許されない。ウナギはありのままのウナギであることを許されない。かくしてウナギは、この地球上のあらゆる生物と人間との複雑な関係を象徴するものとなった。

10　だまし討ち

ある夏、父さんと僕はklummaを試してみた。スウェーデン南部の田園地帯、スコーネ地方の川で行なわれていたウナギ釣りの方法だ。それは、どう考えてもこの世のものとは思えない方法だった。今なら誰も思いつきそうにない、常軌を逸した釣り方だった。でも、いつかどこかで、誰かがじっさいにやってみて、意外に使えるどころか、とても効果があるとわかったのだ。そしてこの知識は、いつの間にか広まっていき、ついには僕の父さんに伝わり、父さんはそれを僕に教えた。まるで、誰もがやっているごくふつうの釣り方であるかのように。

しかし、それはふつうではなかった。この方法を使ったウナギ釣りは、長めに切った耐久性の強い糸を通した縫い針を片手にもち、もう片方の手でミミズをつまみ上げるところから始まる。ミミズの身体に針を刺して糸を通したら、一メートルほどのミミズの数珠《じゅず》つなぎができるまで、同じことを何度も繰り返す。それができたら、分泌《ぶんぴつ》物《ぶつ》にまみれてのたくるミミズが連なる糸を、悪臭を放ち、ひくひく動く、ベトベトしたボール状に丸める。最後にそのボールに釣り糸とおもりを取りつける。釣り針は不要だ。

釣りは夜に、できれば舟釣りが望ましい。ミミズボールを水中に投げ込んで川底に沈めたら、釣り糸がたるまないように気をつけながら、軽く握っておく。ウナギがボールを見つけて食いついたら、すばやく強く引き上げる。ここでへまをしなければ、ウナギの軽く湾曲した小さな歯が、ミミズに通した糸に絡《から》まって、ウナギは縛り首にされた犬みたいに身動きできなくなるから、一発で、すんなりと釣り上げることができる。少なくとも理屈の上ではそうなるはずだ。

父さんはそれまで一度もこの方法を試したことがなかった。他の誰かがこの方法でウナギを釣るのを見たこともなかった。でもふたりとも、これをやるなら、まずは大量のミミズが必要になることは知っていた。そして父さんにはミミズを調達するある心づもりがあった。父さんは、僕に芝生に水をまいておくように言いつけてから、干し草用のフォークをもち出してきた。電気コードを適当な長さに切って、そのむき出しの電線の一本をフォークに巻きつけてから、フォークを地面に突き立てた。

「下がってろ」と父さんは僕に呼びかけた。「ブーツを履いておけよ」

僕は、ウェリントンブーツを履いて玄関先の階段に立ったまま、父さんが電気コードを電源につなぎ、二二〇ボルトの電流がコードの中を猛スピードで走り抜け、干し草用フォークを通って水で湿った地面に伝わる様子を、ドキドキしながら見守っていた。最初は、何も起こらなかった。物音一つせず、動くものもなかった。ところがそのあと、地面から次々とミミズが這い出してきた。数え切れないほどたくさんの泥まみれのミミズが、苦しげにのたうちまわっているのが見えた。まるで庭全体が一つの巨大な生命体になったようだった。

父さんが電源を切ると、ふたりで庭中を歩いてミミズを集めて回った。たった一〇分で、釣り餌《えさ》を入れる大きな広口瓶がいっぱいになった。

その夜、父さんとふたりで木製の手こぎボートに乗り込み、あの気味の悪いミミズのボールをつけた釣り糸を川底まで垂らしながら、こんなことをして何になるのだろう、と僕は考えていた。こんなやり方にいったい何の意味があるのだろう？　と。もちろん、誰かが意味があると考えることについて、他の誰かはまったく意味を見いだせない、ということはよくあることだ。けれども、人が何かに意味を見つける時、そこには何らかの歴史的背景があるはずではないのか？　そしてその歴史的背景は、少なくとも自分よりも大きいと思えるものでなくてはならないのではないか？　結局のところ、人は永遠に続く何かの一部になることを、自分が生まれる前から脈々と続き、自分がこの世から消えたあとも続いていく何かに、自分も連なっているのだと感じることを必要としているのだから。人は自分より大きな何かの一部でありたいと考えているのだ。

知識は、もちろんそのより大きな歴史的背景になりうる。工芸技術の知識であれ、職業的知識であれ、昔から伝わるありえない釣りの方法であれ。知識は、それ自体が一つの歴史的背景となりうるもので、それが人から人への伝達であれ、ある世代から次の世代への伝達であれ、自分がその伝達の連鎖の一部になれば、知識はそれ自体で意味をもつものとなり、それが実際に役に立つか、利益を生むかどうかは二の次になる。これはあらゆることについて言えることだ。人間の経験とは、個人的な経験ではなく、人類が共有する経験で、手渡され、繰り返し伝えられ、何度も体験されるもののことなのだ。

でもこの奇妙な知識に——ウナギをだまし討ちにするために、ミミズを数珠つなぎにする方法に——いったいどんな意味があったのか？　そしてあの特異な経験——夜の川に浮かべたボートに無言で座り、じわじわと死んでいくミミズでできたボールをつけた釣り糸を水中に沈めていること——は、人間性のかけらも感じられない行為ではなかったのか？

やがてあたりは真っ暗になり、僕たちは身じろぎもせずにボートに座っていた。聞こえてくるのは周囲を取り囲む川の静かな水音だけ。僕たちはときどき釣り糸をもつ手を動かして、川底に沈むミミズのボールを軽く引いてみた。まるで、はるか下方でうごめく何かに、僕たちがここにいることを知らせようとしているかのように。

そして、答えはすぐに返ってきた。ふいに、手を引《ひ》っ叩《ぱた》かれたかのような、短くはっきりした引きがあった。

僕がとっさに釣り糸をもつ手を真上に引き上げると、ミミズのボールが水面まで浮き上がり、次の瞬間大きなウナギが現れた。右へ左へと必死で身体《からだ》をくねらせ、逃げるどころかこちらへ近づいてこようとしているように見えた。僕はウナギを水から釣り上げ、ボートの上に下ろした。そして今、ウナギは僕たちの足元で頭を左右に激しく振り回している。僕は自分の行動の結果を嫌というほど見せつけられた。

暴れていたウナギは数秒でおとなしくなったが、再びまた身を捩《よじ》り始めた。その夜、僕たちは一二匹のウナギを釣った。数日後の夜には、一五匹獲った。ウナギは次々とミミズボールに食いつき、僕たちは、畑から人参《にんじん》を引き抜いていくように、次々とウナギを釣り上げていった。まるで、川には無尽蔵のウナギがいて、それが突如として僕たちだけのために開放されたようだった。この方法にどんな意味があるのかはわからないとしても、少なくとも理解はできた。この方法と知識はじっさいに使えるもので、どうやら効果的でさえあるようだった。僕たちはウナギをだます方法を見つけ、それはこれまで試してきたどんな方法にも勝るやり方だった。

　しかしそれにもかかわらず、その二晩の経験のあと、僕たちは二度とこの方法を使わなかった。おそらくそれは、あのときの光景が忘れられなかったからだと思う。黄褐色のぬらぬら光るウナギが、暗い川底の泥の中を這い進み、ヒクヒク震える死にかけのミミズの塊に食いつき、あらがうことも、もがくこともできず、諦《あきら》めたかのように水から引き上げられる。まるで、その深みに存在する何かから逃れようとしているかのように。それは、父さんと僕が思い描くウナギの姿とは違っていた。あれは、僕たちが期待するウナギのふるまいではなかった。もしかすると、僕たちはウナギに近づきすぎたのかもしれない。

II

気味悪いウナギ

一六二〇年一一月一一日、メイフラワー号が現在のマサチューセッツ州南東部にあるコッド岬沖に停泊した。この船は二カ月以上前に、乗客一〇二名と乗員三〇名を乗せてイギリスを出発した。乗客の大部分は清教徒、つまり保守的で禁欲主義的なキリスト教を唱導する厳格なプロテスタント系教会の信者たちだった。彼らは貧しさと宗教的迫害から逃れるためにイギリスを出国し、一時的にオランダに逃れたあと、アメリカ大陸で新生活を始めるために西を目指した。彼らが旅に出たのは、新たな土地での自由と成功を夢に見ていたからだけではなく、それが神の意思だと信じていたからだった。彼らは自分のことを、亡命者ではなく選ばれた者だと考えていた。神によって選ばれた、救済されるべき者、神の名において唯一の正しい教義を広める役割を与えられた者だと信じていた。

その救済は、聖書の物語によくあるように、当然、いくつもの苦難を経たのちに与えられるはずだった。そしてついに与えられた救済は、彼らが予想もしなかったものだった。

メイフラワー号が北アメリカ沿岸に到着したとき、季節はすでに冬になっていた。大地は荒れ果て気温も低かった。そのため乗客のほとんどが、上陸できずに数カ月間を船の上で過ごさねばならなかった。到着初日に、下検分のためにボートで上陸した少人数の偵察隊は、さんざんな目に遭った。何人かは、雪が降りしきる砂浜での野営中に凍え死んだ。生き残った者たちは、誰かが共同墓地に忘れていった越冬用の蓄えと思われる穀類や豆類を見つけて大喜びしたが、持ち出そうとしているところを、その持ち主である原住民たちに見つかり追い払われた。弓矢をもった戦士に襲われてあやうく逃げ出した夜もあった。

船の上では、結核や肺炎、壊血病が次々と広がった。食物は乏しく、水は汚染されていた。ようやく春がめぐってきたとき、一〇二人の乗客のうち生きていたのはたったの五三人だった。乗員も半分が死んでしまった。

生き残った入植者らがようやく船を降りることができたのは、三月になってからだったが、計画を遂行し、神の意思を達成するという決意は変わらなかった。飢えて凍えた入植者たちは、所持品もほとんどなかったが、神が自分たちに力添えしてくださる、という信念だけはもっていた。とはいえ彼らは、どこに居留地を作るべきか、また先住民と仲良くやるにはどうすればいいか、わからなかった。どこで狩りをすればいいか、どの植物が食べられるか、どうすれば飲める水が見つかるかも知らなかった。約束の地は、人々を受け入れてくれるかもしれないが、受け入れられるのは、その土地をよく知っているものだけであることは明らかだった。

　そんなときに、入植者らが出会ったのがティスクアンタムだった。先住民族であるパタクセット支族の男で、イギリスの植民地時代に捕らえられてスペインに連れ去られ、奴《ど》隷《れい》として売り払われたが、苦労の末にイギリスに逃げ戻り、そこで英語を学んだ。北アメリカ行きの船でようやく生まれた国に戻ったときには、彼の種族は、イギリス人が持ち込んだと思われる伝染病で全滅していた。

　彼がなぜそんなことをしたのかは理解しがたく、人の動機は必ずしもその人の過去の経歴で説明できるものでもないが、ティスクアンタムが命の危機に直面していた入植者たちを助けたのは間違いのない事実だった。彼が最初に行なったことの一つが、一抱えのウナギを入植者に届けることだった。最初の出会いの直後に、ティスクアンタムは川へ行き、「夜には、片手で抱えられるだけのウナギを持ち帰った。我々は大いに喜んだ」と入植者の一人が、後にイギリスに送った日記に記している。「ウナギは脂がのってうまかった。ティスクアンタムは、どんな道具も使わずに、足で踏みつけたウナギを素手で捕まえることができた」と。これこそが、困窮していた入植者らへの神様からの贈り物であり、ずっと祈り続けてきた神の救済だった。

それから間もなく、ティスクアンタムは入植者にウナギの捕り方とどこで捕れるかを教えた。トウモロコシをもってきて、その栽培法を説明した。山菜や果物を採集できる場所を教え、どこでどのように狩りをすればいいかについても助言した。とりわけ、途方に暮れるイギリス人たちと先住民族の話し合いの仲介役となって、彼らがアメリカ大陸で生存していくために必要不可欠な、平和協定を結ぶために力を尽くした。

こうして入植者たちは生き延び、やがてアメリカ建国物語の伝説的存在となった。メイフラワー号のアメリカ上陸は、以来ずっとアメリカの歴史における象徴的で画期的な出来事とされ、数え切れないほどの愛国的な逸話によって美化され、神話化されている。

入植者らがアメリカに上陸してから一年後の一六二一年一一月、入植者らが生き延びたことへの感謝をこめてその後感謝祭《サンクスギビングデー》と呼ばれるようになる日の前後に書かれた入植者の日記には、彼らが見つけた大陸への賛美の言葉が並んでいた。いくつもの厳しい試練の後に与えられた恩寵《おんちょう》について記し、身の回りのあらゆる木や植物、果実について、動物や魚や肥沃な土地について、そしてもちろん、毎晩のように川で「いとも簡単に」捕れる大量のウナギについて神に感謝した。

　だからウナギが、アメリカ建国に重要な役割を果たした魚とされていても不思議はなかった。ツヤツヤとしてよく太った、約束の地の象徴、予《あらかじ》め定められた神の恩寵の証《あかし》とされていても不思議はなかった。しかしそうはならなかった。それは、ウナギの特性が宗教的な象徴に向いていないからかもしれない。ひょっとすると、ウナギはやがて、祝祭ではなく、貧しい人の質素な日常食を連想させるものになっていったのかもしれない。その恩寵をもたらしたのが先住民だったことが関係している可能性もある。

　理由はどうあれ、入植者へのこの神様からの贈り物は、アメリカ建国の歴史からほとんど消し去られてしまった。北アメリカ大陸の植民地化については、さまざまな神話や伝説があるが、そこにウナギは登場しない。感謝祭には、アメリカ人はウナギではなく七面鳥を食べ、ウナギ以外の動物――バッファロー、ワシ、ウマ――がアメリカ合衆国の愛国的建国物語の象徴という重責を担《にな》ってきた。現実には、入植者はずっとウナギを捕って食べ続け、一九世紀の終わり頃まではウナギはアメリカの家庭料理の大切な食材だった。ところがその後徐々に食卓から消えていった。第二次世界大戦後にはウナギの名声は地に落ち、一九九〇年代の終わりにはアメリカ東海岸でウナギを釣る習慣はすっかり途絶えてしまった。今では、多くのアメリカ人がウナギは全く食欲をそそられない不快な食材で、できる限り食べたくないと思っている。ときには、たとえ神様からの贈り物であっても、渋々ながらに受け取られることがあるのだ。

*

ウナギに対するこうした気まぐれで矛盾した態度は、もちろん、メイフラワー号で北アメリカ大陸にやってきた入植者に限ったことではなかった。古来、ウナギはその姿を初めてみた人々の心に、相反する感情を呼び覚ましてきた。畏敬《いけい》の念と同時に抑えようのない不安を。興味を感じる一方で拒絶の心を。

古代エジプトでは、ウナギは大きな力をもつ悪魔であり、神々にも等しい、食べてはいけないものとされていた。聖なる川ナイルの、光り輝く水面の下を苦もなく泳ぎ、死者が累々《るいるい》と横たわる川底の澱《おり》の中をすべるように進む生物。神々のブロンズの小像と並んで葬《ほうむ》られた、小さな石棺に入れられたウナギのミイラが、多くの考古学者によって発掘されている。

確かに、古代エジプトでは、さまざまな動物が神の象徴として用いられていた。太陽神ラーは、しばしばハヤブサの頭をもつ姿で描かれる。死者の国の神アヌビスは、山犬の頭をもっている。知識を司《つかさど》る神であるトトは、トキの頭をもつ。愛の女神バステトは、女性の身体と猫の頭をもっている。もちろん、動物が象徴する特性はそれぞれ異なるが、こんなふうに人間と動物が融合していること自体が、神性の印であったのだ。ヘリオポリスで、自分以外の神々や歴代のファラオを創《つく》り出した創造神アトゥムもまた、ウナギに関わりがある神である。ある絵に描かれたアトゥムは、人間の頭と尖《とが》ったあごひげをもち、その神性を示す王冠をつけている。威《い》嚇《かく》するように頭をもたげたコブラを描いた大きな盾の後ろには、細く長いウナギの身体が伸びていて、本物さながらのヒレまで描き加えられている。人間の頭とウナギの身体の結合は、ある種の完全性の象徴であり、善と悪の融合を意味している。

古代ローマでも、ウナギへの評価は二分されていた。エジプト人と同じようにウナギを食べない人々は、神聖な動物だからではなく、不潔で気味が悪いという理由でウナギを敬遠していた。ウナギが下水の放水口付近でよく捕れることがその理由だったのかもしれない。あるいは、ウナギの皮を干したものが、聞き分けのない子どもたちのお仕置き用のムチとして使われていたからかもしれない。

ローマ人の多くは、ウナギではなく、ウナギと近縁の穴子（Conger conger）やツボを好んでいたようだが、種類はどうあれ、ウナギはしばしば邪悪さや気味の悪さを連想させるものとされた。大プリニウスと小セネカ（ルキウス・アンナエウス・セネカ。ローマ帝国の政治家、哲学者、詩人）の両方が、ローマ皇帝アウグストゥスの友人でローマ軍の司令官だったウェディウス・ポリオについて、奴隷が粗相をすると、罰としてウナギの生簀に投げ込むのが常だった、という話を伝えている。血に飢えたウナギの大群は奴隷の肉をたらふく食べ、その後、脂ののった贅沢《ぜいたく》なごちそうとしてウェディス・ポリオの客たちに供されたということだ。

*

魚、ではあるがそれ以外の何かでもある生物。ヘビのような、ミミズのような、這《は》いずりまわる海の怪獣のような魚。ウナギは昔からずっと特異な存在だった。とくに、当初から魚が重要な象徴の一つとされてきたキリスト教の伝統においては、ウナギはずっと魚とは別のものとされてきた。

キリスト誕生後の紀元一世紀、キリスト教の信者たちは魚を秘密のシンボルとして用いていた、と言われている。キリスト教徒は各地で迫害にあっていたため、常に一定の注意が必要で、信者同士が会うときには、片方が地面に曲線を描いてみせるのが習わしだった。相手が逆方向から同じような曲線を描き、予め決められた魚の絵が完成すれば、お互いを信じていいとわかる仕組みだった。この魚のシンボルは、ローマにあるローマ教皇カリストゥス一世や聖プリスカのカタコンベでも発見されており、どちらも西暦のごく初期の頃のものである。

魚はさまざまな理由で重要なものだった。キリスト教発祥のずっと以前から、地中海文明において魚は幸福の象徴だった。イエス・キリストの登場後は、魚は改宗や懺《ざん》悔《げ》の象徴ともなった。福音書には、イエスが最初の使徒であるシモンとアンデレに「わたしについて来なさい。人間をとる漁師にしよう」と言われたと書かれている（マタイによる福音書。4：19）。新たに救われた人々は「小魚」と呼ばれ、イエスは福音書の中で、天の国を漁にたとえている。「天の国は次のようにたとえられる。網が湖に投げ降ろされ、いろいろな魚を集める。網がいっぱいになると、人々は岸に引き上げ、座って、良いものは器に入れ、悪いものは投げ捨てる。世の終わりにもそうなる。天使たちが来て、正しい人々の中にいる悪い者どもをより分ける」（マタイによる福音書。13：47〜49）

魚はまた、イエスが示した奇跡の物語にも登場することがよく知られている。たとえばパンと魚の奇跡では、五つのパンと二匹の魚で五千人の群衆の空腹を満たとされている（マタイによる福音書。14：13〜）。復活したイエスがティベリアスの湖畔で弟子たちの前に姿を現したときには、彼らに魚を与えて自身が本物のイエスであることを教えた（ヨハネによる福音書。21：1〜）。魚を意味するギリシャ語のイクトゥス（ichthys）は昔からIesos Christos Theou Yios Soter、つまり「イエス・キリスト。神の子。あがない主」の頭字語として知られている。

しかしこれらはすべて魚の話で、ウナギではない。多くの事例が、初期のキリスト教徒が魚とウナギを区別していたことを示している。キリスト教の歴史のなかで、良いことの象徴とされる魚はすべて、ウナギ以外の魚だった。ウナギは魚ではなかった。ウナギが魚だと考えられていたとしても、特別な種類の魚だった。ウナギは一般的な魚の特徴をもっていなかった。見た目も行動も、普通の魚とは違っていた。

旧約聖書のレビ記の、水中生物についての神の考えが明確に示された以下の一節からも、そのことがはっきりと読み取れる。

「水中の魚類のうち、ひれ、うろこのあるものは、海のものでも、川のものでもすべて食べてよい。しかしひれやうろこのないものは、海のものでも、川のものでも、水に群がるものでも、水の中の生き物はすべて汚《けが》らわしいものである。これらは汚らわしいものであり、その肉を食べてはならない。死骸《しがい》は汚らわしいものとして扱え。水の中にいてひれやうろこのないものは、すべて汚らわしいものである」（レビ記。11：9～12）

どうやら神様が言いたいのは、言葉の選択や反復表現が正しい解釈に基づくものだとすればだが、魚やその他の水中生物でヒレや鱗《うろこ》がないものは忌《い》むべき存在だということだ。食べてはいけない。気味が悪い。嫌悪すべきだ、と。そして、少なくともユダヤ教が解釈する（旧約聖書は元はユダヤ教の経典）神の意向によると、ウナギは嫌悪されて当然の生物だ。ウナギはユダヤ教の掟にかなう清浄な食物ではないとされ、だから当然、ヌルヌルしたその切り身がユダヤ教徒の夕食のテーブルに上ることはない。

今では、これらはもちろんすべて誤解であるとわかっていて、レビ記がコウモリを鳥だとしている（11：13～）のと同じことだ。ウナギにはヒレも鱗もある。ちょっとわかりにくいだけだ。とくに鱗は信じられないほど小さく、ぬるぬるした粘液に覆《おお》われているため、手で触れてもほとんどわからない。しかしこの誤解からわかるのは、ウナギに関しては、科学者も、ウナギそのものも当てにならないだけでなく、神様さえも信用できないということだ。もっと言えば神様の言葉の伝道者も。聖書に書かれている言葉さえも。

*

それはともかくとして、ウナギは昔から、すべて、とはいわずとも多くの人にとって、また食べ物や文化的遺産としてではなくても、すくなくともメタファーとして、嫌悪の対象とされてきた。誤った考えや宗教的な誤解がなくても、ウナギは忌むべきものの代表とみなされることが多かった。何であれ、奇妙で不快なもの。見えないところで存在するのは構わないが、たびたび表に現れることは許されないものだった。

二〇世紀の文学作品に描かれた、忘れられない場面の一つが、海に投げ込んだ長い紐《ひも》の端を握って男が一人浜辺に立っている光景である。紐には海藻がびっしりとまとわりついている。男が紐を強く引くと、ブクブク泡を立てている海水から現れたのは馬の頭で、浜に引き上げられた馬の頭は黒光りして、その目は虚空《こくう》を見つめている。やがて穴という穴から淡い緑色のウナギが次々と這い出してくる。まるで内臓のようにテラテラ光る二十数匹のウナギが、そこらじゅうを這い回る。男はそれらをすべてジャガイモの袋に入れてしまうと、馬の口をこじ開けて、その歯を笑っているようにむき出しにし、馬の喉《のど》の奥に手を突っ込んで、自分の腕くらいの太さのあるウナギをさらに二匹つかみだす。

この背筋が凍るような釣りの方法は、一九五九年のギュンター・グラスの小説『ブリキの太鼓』の中で描写されている。ウナギがここまで嫌悪感を催す描かれ方をすることはあまりない。

ウナギは、それほど頻繁に小説や絵画に登場するわけではないが、その場合は、人々を動揺させる、ちょっと不快な生き物として描かれることが多い。ズルズルと這い回ってつかみどころのない、暗がりに潜む清掃動物。口を大きく開き、ビーズのような黒い小さな目を光らせながら、死体から這い出してくる淫靡《いんび》な生物。

しかしときには、ウナギにより大きな存在感が与えられることがある。『ブリキの太鼓』では、ウナギはもっと重要な役割を果たしている。ウナギは悲劇を予見させると同時に、悲劇の引き金ともなっている。

バルト海を望む浜に立ち、男が馬の首を海から引き上げる様子を見ているのは、この小説の主要な登場人物たち、オスカル・マツェラートという男の子とその父のアルフレート、母アグネス、そして彼女のいとこでその恋人でもあるヤン・ブロンスキーだ。アグネスは妊娠しているが、そのことを誰にも話していない。読者はお腹《なか》の子の父が誰なのか、アルフレートなのかヤンなのかを知らず、もっと言えばアルフレートがオスカルの本当の父親であるかどうかもわからない。アグネスは鬱々《うつうつ》として投げやりになっていて、自分の身体の中で成長している命を、神様の贈り物というより自身の身を苛《さいな》む腫瘍《しゅよう》のように感じているように見える。アグネスの心の内は、家族にも読者にもよくわからない。

　この四人は、浜に散歩に出かけたときにウナギ釣りの男に出会った。好奇心に駆られたアグネスは男に何をしているのかと尋ねるが、男は返事をしない。黄ばんだ歯を見せてニヤッと笑っただけで、手にもった紐を引き続ける。やがて紐の先に結びつけられた馬の首が海中から現れ、その頭から何匹ものウナギが這い出してくるのを見たとき、アグネスに異変が起こる。その光景は、アグネスの心と身体に嫌悪感を呼び覚ました。気を失いそうになったアグネスは、恋人であるヤンにもたれかかる。見たこともないほどたくさんのカモメが、彼らの頭上を低く旋回し、ギャーギャーと甲高い声をたてる。男がニヤニヤしながら馬の喉の奥に腕を突っ込み、よく太ったウナギを二匹つかみ出したとき、アグネスは背を向けて胃の中のものを嘔吐《おうと》した。まるで、こみ上げる吐き気と、自分のお腹の中の望まれない胎児の両方を、始末しようとするかのように。まるで、胎児が吐き気の原因であるかのように。このあと、アグネスの体調が完全に回復することはない。

　やがてヤンは、アグネスの身体をささえるようにして浜から離れる。オスカルとアルフレートはあとに残って、ウナギ釣りの男が、一番最後に馬の耳から太いウナギをつかみ出すのを眺めている。ウナギには、オートミールのように白くてベトベトした脳漿《のうしょう》が絡みついている。ウナギってやつは馬の首だけじゃなく、人間の身体だって食べる、と男は言い、第一次世界大戦のときのスカーゲラク海戦のあと、ウナギがやたら太ったらしい、と付け加える。オスカルは、首から下げた白いブリキの太鼓をお腹の上に乗せたまま、目の前の光景に釘付《くぎづ》けになっている。興奮気味のアルフレートは、男から勇んで四匹のウナギを買う。たくましいのを二匹と、中くらいのを二匹。

浜でのこの出来事がアグネスを変えてしまう。グロテスクな馬の頭とそこから這い出してくるウナギの光景が、彼女の心の中の何かを目覚めさせる。アグネスの体調はますます悪化し、それを食べ物で紛らわそうとするようになる。食べるのをやめず、食べては吐くことを繰り返す。アグネスが食べるのは魚ばかりで、特にウナギを食べる。脂っこいウナギの切り身にたっぷりのクリームソースをかけたものを貪《むさぼ》るように食べ、夫のアルフレートがもう魚はよせと言うと、魚屋に行って大量のウナギの燻製《くんせい》を買ってくる。ナイフでウナギの皮から脂という脂を削《そ》ぎ落とし、それを舐《な》めてまた吐く。夫が妊娠しているんじゃないのか、と尋ねても鼻であしらって、またウナギを食べる。

それから間もなく、アグネスは死んでしまう。過食が原因で死んだのか、心を病んで死んだのかはよくわからない。葬儀の日、息子のオスカルは開かれた棺の中の母の姿をじっと見る。その顔はやつれて黄色っぽい。オスカルは、今にも母が起き上がってもう一度吐くのではないかと考える。吐き出すべきものがまだ何かあるのではないか、望まれない胎児だけでなく、こんなに短期間のうちに母を苛み、殺してしまったあの薄気味悪い、憎むべきものが。そのものとはつまり、ウナギだ。

「おまえらウナギたち」とオスカルは棺の傍らに立って心の中で呼びかける。「ウナギにすぎないお前はウナギに返れ」

亡《な》くなった母が起き上がり嘔吐しないのを見届けたオスカルは安堵《あんど》してこれで終わりだと知る。「じっと持ちこたえ、身におびたまま、ようやくやすらぎを得るために、ウナギは地下へ持っていく腹づもりのようだった」と記されている。

これは非常に衝撃的なメタファーだ。ウナギが死の化身として描かれている。いやむしろ、死だけでなくその対極にある生の喩《たと》えでもあると言えるかもしれない。ここでのウナギは、始まりと終わりを、命の起源と終焉《しゅうえん》をつなぐ象徴として描かれている。灰は灰に、ウナギはウナギに、である。

*

『ブリキの太鼓』の初版が出版された二〇世紀の中頃には、科学はウナギの謎《なぞ》のほとんどを解明していた。ウナギの神秘性の多くが取り除かれ、ウナギは理解しうる相手となっていた。人類は、ゆっくりとではあるが着実にウナギの謎の答えに近づいていた。ウナギの産卵場が突き止められ、繁殖法が立証された。ルネッサンス期以降の新幹線並みの科学の進歩に比べると、その歩みはカタツムリのようにノロノロしたものではあったが、今やウナギの謎はそのほとんどが解明されていた。ウナギは確かに存在する、としか言えない段階は終わり、確かに存在するそのウナギの特徴について議論できる段階に入っていた。人類は、「ウナギが存在する」、ということだけでなく、「ウナギとは何か」についても、ある程度知っていた。もはや信じることだけに頼る必要はなくなっていた。

それにもかかわらず、ウナギは当時もまだ、文学においても芸術作品においても、人間の不合理な心理や、異質で不可解な物事を連想させるものであり続けた。地の底から這い出してくる、闇《やみ》に潜むヌルヌルした恐ろしい生き物のままだった。他の生物とはまったく別の生き物だった。

フリチョフ・ニルソン・ピラテンが一九三二年に発表したスウェーデンの傑作小説、『Bombi Bitt and Me』（『ボンビビットと私』）には、何年間も水底で暮らす間に、体長三メートルを超える大きさに成長した角のある怪物として、ウナギが登場する。スコーネ地方の人里離れた場所にある底なしと噂される池に、そのウナギは身を潜めていたが、ある晩、この本の主要登場人物であるエリとボンビビットがヴリックルンドという老人と一緒にウナギを捕まえる旅に出る。ヴリックルンドは苦労の末にウナギを池からおびき出す。それは「黒々とした怪物のような生き物で、身をくねらせると水面がみるみる泡立ち」——やがて激しい格闘が始まった。ウナギがまるで「生きている電柱」のように頭をもたげると、月の光がその巨大な角をくっきりと照らし出す。ヴリックルンドがウナギの巨体に嚙《か》みついて、戦いにようやくけりがつく。「この怪物めを嚙み殺してやったぞ」。ヴリックルンドは口から血を滴《したた》らせながら言い放つ。しかし、それは束《つか》の間《ま》の勝利にすぎない。ウナギは生き返る。轟《とどろ》くような音をたてて息を吐き出すと、ウナギはよみがえり、草の間を縫うように這い進み、地面に開いた穴から地下の世界へと姿をくらます。おそらくはそれがもと居た場所へ、闇の世界、無意識の世界へ、魂のもっとも奥底にある、もっとも暗い世界へと戻っていった。

一九四七年に発表されたボリス・ヴィアンの超現実主義的恋愛小説、『うたかたの日々』では、ウナギは差し迫る悲劇を予感させる不条理な生き物として描かれる。物語の冒頭、ウナギは台所の蛇口から現れる。ウナギは毎日のように蛇口から頭を突き出し、周囲を見回してから頭を引っ込める。ところがある日のこと、奸智《かんち》に長《た》けたコックが調理台にまるごと一個のパイナップルを置き、我慢できなくなったウナギはそれにかぶりついて逃げられなくなる。コックはそのウナギを使ってとても美味《おい》しいウナギのパイ皮包みを作り、主人公のコランはそれを食べながら恋人のクロエのことを思う。クロエとは出会ったばかりで結婚の約束もしていたが、ほどなくクロエは重い病気にかかってしまう。肺に睡蓮《すいれん》ができてしまう病気で、睡蓮はウナギの国の水生植物なのだ。睡蓮は進行性の腫瘍のようにどんどん大きくなり、クロエの命を奪って、一人残されたコランは傷心の日々を送ることになる。

しかし、少なくとも文学の世界でウナギがもっとも活躍したのは、イギリスの作家、グレアム・スウィフトが一九八三年に書いた小説『ウォーターランド』だろう。授業を退屈に感じている、理系の生徒たちの想像力をかきたてようと、授業中に自分自身の子どもの頃の思い出話や現在のことを語る歴史教師、トム・クリックの物語だ。クリックは自身のあやふやな記憶を検証し、過去の出来事がなぜそのような結末に至ったのかを解明しようとする。たとえばメアリとの結婚とふたりに子どもができなかったこと。彼女が正気を失いつつあることについて。すべてはどこから始まったのか？　もしかすると、子どもの頃に、彼女のズロースの中にある男の子が突っ込んだウナギが始まりなのか？

それともクリックの兄のディックが事の発端なのか？　若かった頃にメアリに求愛し、彼女に認められたい一心で泳ぎ比べで勝利した兄なのか？　兄は、サルガッソー海を目指すウナギのように、他の誰よりも遠くまで泳いで彼が目指す終着点《ゴール》に到達しようとした。そしてその終着点《ゴール》とは、存在の終着点でもある。しかしディックはなぜそうしたのか？　そしてその行動の本当の意味とは？

物語は漠然としてとらえどころがない。真実など一体誰にわかるだろう？　けれども、ウナギはずっと存在しつづける。物語の最初から最後まで。まるで、隠され、あるいは忘れ去られていることとすべてを思い出させるための目印か何かのように、物語の中を這い回っている。

そして終盤、トム・クリックは生徒たちにウナギの話をする。ウナギの謎とその科学的探求の歴史について。あらゆる当て推量と謎、そして間違った見解の数々を。アリストテレスが唱えた、ウナギは泥中《でいちゅう》から生まれるという説について。リンネがウナギは胎生であると考えていたこと。有名なコマッキオのウナギの話。モンディーニの発見とスパランツァーニがそれに疑問をつきつけたこと。ヨハネス・シュミットが粘り強い調査でウナギの産卵場を突き止めたこと。そして彼らを突き動かした好奇心の力について。それこそが、ウナギが我々に教えてくれることだ、とトム・クリックは言う。ウナギは我々人間がもつ好奇心について、真実を探し求め、あらゆることがどこから来て、それが何を意味するのかを理解したいという抑えようのない欲求について、教えてくれる。さらにまた、我々人間がもつ、謎への欲求についても。「ウナギは好奇心について多くのことを教えてくれる——じつのところ、そちらのほうが、好奇心によって得られるウナギについての知識より多いくらいだ」と。

*

しかし、なぜ人々はウナギをそこまで嫌悪《けんお》するのだろう？　ウナギはなぜそれほどの不快感を人に与えるのか？　もちろん、単にヌルヌルしてつかみどころがないせいではなく、ウナギが食べているもののせいでも、ウナギが暗がりを好むせいでもないだろう。宗教的な誤解だけが原因でもなさそうだ。そうではなく、おそらくウナギが秘密めいているせいだ。その焦点が合わない黒い目の向こうに何かを隠している気がするからだ。我々人間は、ウナギを見たことも、触ったことも、食べたこともある。ところがウナギは何かを人間に隠し続けている。どれだけ近づいても、ウナギはよくわからない存在のままだ。

心理学や芸術の世界には、「不気味さ」と呼ばれる不快感の概念がある。ドイツの心理学者、エルンスト・イエンチュは一九〇六年に著した「不気味なものの心理学のために」と題する論文で、「unheimlich」（不気味さ）とは、新しいものや見慣れないものに出会ったときに引き起こされる「よくわからないという嫌な感じ」と定義した。知性によって理解できないとき、経験の欠如や判断力の不足のせいで、すぐに理解して説明することができないとき、人は不安になり、不気味さを感じる、とイエンチュは考えた。

しかし、その当時すでにウナギの研究をあきらめて、精神分析の第一人者となっていたフロイトは、イエンチュのこの分析を浅薄すぎると考えた。一九一九年に発表したエッセイ「不気味なもの」（『不気味なもの：快原理の彼岸：集団心理学 1919–22年』フロイト全集17）は、エルンスト・イエンチュの不気味さについての定義への反論を目的とするものでもあった。不安が人に不気味さを感じさせる、というイエンチュの主張は正しい、とフロイトは認めた。たとえば、目の前の人が生きているのか死んでいるのかわからないとき、あるいは他人の狂気を目《ま》の当たりにしたときがその例だ。けれども初めての、見慣れないものすべてが不気味に感じられるわけではない。そこには別の要素が必要だ。別の要素が加わったとき、はじめて人は不気味さを感じる、とフロイトは主張した。馴染《なじ》みのものであると感じられないとき、人は不気味さを感じる。わかりやすく言うと、不気味さとは、自分が知っている、あるいは理解していると思っていたものが、理解できない別のものであることがわかったときに生じる特別な不安感なのだ。よくわかっているつもりだったものが、突然よくわからないものになる。物や生物、あるいは人が、自分が思っていたのとは違うことに気づく。精巧につくられた蠟《ろう》人形。動物の剝製《はくせい》。バラ色の頰をした亡骸《なきがら》。

フロイトは、言語分析によって自分の考えの正しさを証明しようとした。「ドイツ語の『unheimlich（不気味な）』という単語は、明らかに、『heimlich, heimisch（わが家の）, vertraut（馴染みの）』の反対語である。従ってそこから当然予想されるのは、何かあるものが驚愕《きょうがく》させるのは、まさに知られておらず馴染みがないからこそだという結論である」とフロイトは述べた。しかし、「heimlich」は両義性のある言葉で、隠された秘密のもの、世の中の目から隠されたもの、という意味もある、と続けた。つまり、heimlich という言葉は、相反する二つの意味をもっている。したがって

unheimlich ももちろん同様で、馴染みのあるものと馴染みのないもの、両方を意味しうる。

不気味さと呼ばれる特別な不安感を、我々はそのように理解すべきである、とフロイトは言う。自分が知っているつもりだったものの中に馴染みのない要素を見つけて、自分は何を見ているのか、それが何を意味するのかわからなくなったとき、人は不気味さに圧倒されるのだ、と。

ジークムント・フロイトは、エッセイ「不気味なもの」で不安に精神分析的説明を与え、以来作家や芸術家がその解釈を取り入れてきた。そしてフロイトのその仕事のほんの一端を、ウナギが担っていた、と言えるのではないかと思う。

なぜなら、heimlich という言葉の言語的な両義性を述べたあと、フロイトはこの不気味さという特殊な感情がどのように生まれるかを示すために、E・T・A・ホフマンの短編『砂男』を取り上げているからである。『砂男』はナタニエルという青年についての物語で、勉学のために初めての町を訪れた彼が、抑圧してきた過去と向き合い、さらには自身の狂気と向き合うことを余儀なくされる話である。ナタニエルは子どもの頃、夜になると砂男という恐ろしい生き物が子どもたちのベッドのそばに現れて子どもの目玉を盗んでいく、という話を聞かされて育った。大人になった彼は、晴雨計と光学機器を売りにきた男のことを、あの砂男が姿を変えてやってきたのだと思いこむ。その後、オリンピアという名の謎めいた女性に恋するようになるが、じつはその女性は、あの晴雨計売りとスパランツァーニという教授が二人で造ったロボットだった。真実を知ったナタニエルが、教授の家でオリンピアの命のない身体を抱きしめ、すぐそばの床の上には彼女の二つの目玉が転がっていたそのとき、ナタニエルは狂気に取り憑《つ》かれてスパランツァーニ教授を殺そうとする。

この短編は初めから終わりまでよくわからないことだらけだ。物語の視点は次々と変わり、はっきりしていることは何一つなく、それが現実の世界の出来事なのか、苦悩するナタニエルの心の中だけの出来事なのかもわからない。フロイトは、ロボットで目玉泥棒であることが明らかになる女性もまた、不気味さの象徴の最たるものだ、と考えていた。そこには、ある生物が生きているのか死んでいるのかわからないという不確かさはもちろん、自分の視力を奪われるのではないかという不安が、この世界の本当の姿を観察し、体験する能力を失うのではないかという不安が描き出されている。

しかし、ひょっとするとフロイトは、ホフマンのこの物語の別の側面にも共感を抱いていたのかもしれない。『砂男』は、研究のために馴染みのない町にやってきたドイツ語を母語とする青年についての物語だ。町の名が語られることはないが、スパランツァーニ教授も晴雨計売りの男もイタリア語を話すと書かれている。さらに、晴雨計売りは、晴雨計だけでなく顕微鏡などの光学機器も扱っていて、顕微鏡は科学的考察を行なう人間に真実を見せてくれる道具だとされている。その上、これは偶然の一致だろうが、それにしても面白いことに、『砂男』に登場する謎めいた教授スパランツァーニは、一八世紀にウナギの謎を解こうとコマッキオに向かい、目的を果たせなかった実在の著名な科学者と同名なのだ。

おまけに、フロイトは「不気味なもの」の最後に自身の不気味な体験を紹介している。それは、「イタリアの小さな町」を散策していたときの話だ。ある夏の暑い午後、散歩中にいつの間にか狭い路地に迷い込んだフロイトがあたりを見回すと、どちらを見ても、通りに面した建物の窓辺から濃い化粧の女性たちが外を眺めていた。フロイトは立ち去るが、しばらくするとまたそこへ戻ってしまう。再びそこを離れようとするが、またもや同じ場所に戻ってしまう。夢の中で同じ経験を何度もしてしまうときのように、フロイトは無意識のうちに三回も同じ場所に引き寄せられてしまった。

フロイトはそれを不気味だと感じている。不本意な繰り返し。望ましくない展開が、何度も何度も繰り返される。まるで、暗い研究室で何週間も、次から次へとウナギを切り開き、しかし見つかるのは期待はずれのものばかりだったときのように。「さらに何かを発見しようなどという旅の思いは放棄し、つい最前あとにした広場に戻ることができた時、私は安堵の胸をなでおろしたのだった」とフロイトは記している。

　フロイトが書いたのは、ほぼ間違いなくトリエステのことだ。一八七六年にトリエステを訪れたとき、友人のエドゥワルト・ジルバシュタイン宛《あて》の手紙に、同様の夢の中の出来事のような体験を綴《つづ》っている。ちょうど、ウナギの精巣《せいそう》が見つからずに苦しんでいたときのことだ。その手紙にも、狭い通りと窓から彼を見ている化粧の濃い女性たちのことが書かれている。ということは、知性によって理解できないことから生まれる特別な不安について考えていたとき、フロイトが思い浮かべていたのは、彼自身の、トリエステでの苛立《いらだ》ちに満ちた不可解な数週間だったのかもしれない。そしてもちろん、ウナギが彼の不安の源だったと考えるのは、それほど強引なこじつけではない。なぜなら、ウナギは、はるか昔から——文学や芸術の世界でも、ウナギが隠れ住む水底でも——不気味な存在そのものではなかったか？「unheimlich《不気味さ》」そのものではなかったか？

12 動物を殺す

　月の光を背に受けて川べりに立つ父さんの姿を、僕は今も忘れることができない。あたりには早瀬がたてる低い水音が響き、川面《かわも》からは葦《あし》の茎がまるで黒い触角のように突き出していた。父さんは土手の下の水際《みずぎわ》で一匹のウナギを強く握りしめていた。それは小さなウナギで、じっさい、家に持ち帰っても食べられない大きさだった。しかし、よくあることだが、そのウナギは針を喉の奥まで飲み込んでいた。だから父さんはウナギを強く握って針を押し出そうとしていたのだ。ウナギは暴れて父さんの腕に巻きつき、手首まで締め上げられたその腕には粘液がべったりとへばりついていたが、それでも針は一向に出てこなかった。父さんは歯嚙みし、「困らせやがって」とウナギにささやきかけた。

　その光景を見ていた僕は、どんどん不安になっていった。ウナギの粘液は、父さんの腕や服に、悪臭を放つにかわのように染みついて、洗っても落ちそうになかった。ウナギの、小さなボタンのような目は、一見僕のほうを見ているようなのに、決して視線が合うことはなかった。ウナギは、まるで全身が一つの筋肉になったようにゆっくりと反り返り、その白い腹が月光を浴びてチラチラ光るのが見えるところまで、その体を捻《ね》じ上げた。

　父さんは、ウナギを握る手にさらに力を込め、釣り糸を引っ張り、顎《あご》をこじあけようとしたが、ウナギは歯を食いしばり、父さんの手の中でのろのろと体をのたくらせて、抵抗を続けた。ウナギの口から血が流れ出した。父さんは顔をしかめ、さっきよりもっと小さな声で「血が出てきたじゃないか。ばかな奴《やつ》だ」とささやいた。言葉はきつかったが、穏やかで、頼み込むような、優しいとさえ言える口調だった。父さんは首を横にふった。「だめだ。もう無理だな」。僕は父さんにナイフを手渡した。刃渡りの長いフィッシングナイフで、よく研ぎこまれて葦のように細くとがっている。父さんはしゃがんでウナギを地面に押しつけると、ナイフの切っ先をその頭にまっすぐ突き立てた。

　父さんは大の動物好きだった。動物なら何でも好きだった。自然が好きで、川や森によく出かけた。動物について書かれた本を読み、自然をテーマとするテレビ番組もよく見ていた。馬や犬が好きで、珍しい野生の動物を見つけると大興奮した。ときどきバードウォッチングもした。ふたりきりで、双眼鏡一つもって出かけた。目的を決めずに歩き回り、トビやキツツキを見つけたら、一つしかない双眼鏡をかわりばんこに使ってその様子を観察した。見つけた鳥の種類を記録したりはしなかった。誰かと競うつもりはまったくなかった。僕たちは、ただ鳥を見るのが楽しかったのだ。

父さんは、生き物の、珍しくて素晴らしい習性のすべてに興味をもっていた。川べりに棲《す》むコウモリが、反響定位という仕組みを使ってどんなふうに方向を知るかを説明してくれた。「コウモリは目がほとんど見えない。自分の鼻先さえまともに見えないくらいだ。でも、やつらは人間には聞き取れないほど高い声を出して、その反響に耳をすます。反響を聞いて、コウモリは瞬時に、自分の前にあるものが蚊なのか、木の幹なのかを知る。一秒もかからずにだ」

高く生い茂る湿った草むらの中でカサコソ鳴る音がしたと思ったら、怯《おび》えたヨーロッパヤマカガシが現れて川に滑り込み、そのまま泳ぎ去ってしまったこともあった。頭の部分の黄色い斑《まだら》模様がランタンのチラチラ光る明かりみたいだった。またあるときは、川の向こう岸にサギがいるのを見つけたこともある。サギは首を釣り針のような形に曲げ、その巨大なくちばしを、何であれ、水面下に隠れているもののほうに向けていた。

父さんは、川沿いに生息するミンクのことも教えてくれた。小さくて華奢《きゃしゃ》な、ほぼ真っ黒な動物で、夜になると川べりを這い回る。少なくとも父さんはそう言っていた。僕はミンクを見たことがなく、父さんもそうだったのかどうかはわからなかった。でも、ときどき草むらに齧《かじ》られた魚が落ちていることがあった。すると父さんは、「ミンクの仕業に違いない」と言っていた。

父さんは、ミンクは可愛《かわい》らしい動物だが、悪賢くて危険な動物でもある、人間にとってというよりも、川と、俺たちの目当てである魚とウナギにとって、と言った。「何しろミンクは遊びで殺すんだ」と父さんは僕に教えた。ミンクはネズミとカエル、魚を徹底的に狙《ねら》い、見つけたものはすべて殺してしまう。自分以外の生命体に出会ったら、必ず殺さなくては気がすまない。そういう質《たち》なんだ、と父さんは言った。つまりミンクは邪魔者だった。僕たちの川べりだけに限らず、生態系全体にとっても。放っておけば、ほぼ独力で川のウナギを絶滅させてしまいかねない。僕たちが何とかするほかなかった。

そこで父さんはミンクを生け捕る罠《わな》を作ることにした。長さ一メートルぐらいの片方が開いた長方形の木箱で、中に入ったミンクが踏み板を踏んだら、扉が落ちて出られなくなる簡単な仕組みだ。餌《えさ》として死んだローチを入れてから、急な斜面の下の水際に罠を仕掛けた。そのまま朝まで放置しておくことにして、ウナギのはえなわを仕掛けに行った。

　翌朝、僕たちはできるだけ物音をたてないように気をつけながら、濡《ぬ》れた草の間を忍び足で進んでいった。何かが動く気配はないかと注意し、ほぼ間違いなくかかっているだろうあの動物がたてる音を聞こうと耳を澄ました。でも罠は空だった。ローチもそのままで、触れられた形跡はなかった。川沿いのどこに罠を仕掛けても、いつも結果は同じだった。悪臭を放つ一匹のローチだけが、いつも手つかずで残されていた。ミンクが餌に近づいたほんのわずかな形跡さえ、残されていなかった。

　僕はそのうち、ミンクなんて本当にいるのだろうか、と疑うようになっていったが、それよりも何よりも、ミンクに遭遇せずに済んだことにほっとしていた。だって、もしもミンクを捕まえていたら、僕たちは何をするはめになったのだろう？　きっと父さんはミンクを殺したはずだ。でもどうやって？　素手で？　ナイフを使って？　罠ごと川に沈めて溺《おぼ》れ死にさせただろうか？　キラキラ光る目と光沢のある柔らかい毛をもつ、小さくてほっそりした、美しい動物を？　そんな動物を殺すことは正しいことだったのだろうか？　それは、ローチやウナギを殺すのとは全く別の、僕には馴染みのない行為だと思えた。

＊

人間と動物の違いはどこにあるのだろう？　僕には見当もつかなかった。唯一《ゆいいつ》わかっていたのは、人間と動物には違いがあり、それは取り消しようがなく、ずっと変わらないということだった。人間は、動物とは別の何かなのだ。

やがて僕は、人間と動物に違いがあるだけでなく、動物も種類によって違っている、ということを知るようになる。この違いは、人間と動物の違いよりもさらに曖昧《あいまい》で、わかりにくいものだった。動物同士の違いは、その動物の特徴ではなく、僕たち人間がその動物をどんなふうに見ているかによって決まるようだった。人は、自分と似通った点を見つけた動物には、どうしても親近感を抱いてしまう。これは、どんな動物でも簡単に殺せはしないし、殺すべきでもない。ただ種類によって違いはあるということだ。どうやらこれには、その動物への思い入れが関係しているようだった。こちらの目を見つめてくる動物に、人は感情移入してしまう。そんな動物はなかなか殺せない。

父さんは大の動物好きだったけれど、たまに動物を殺すことがあった。殺すのを楽しんではいなかったし、暴力的なことはまったく好きではなかったが、父さんはそうすべきだと考えたときに動物を殺した。父さんは、人間は他の動物より優位に立って取り仕切る権力をもつだけでなく、責任も負っている、と教えられて育った。動物を生かしておくか殺すかを決めるのは人間の責任だと。この責任をどんなふうに行使するかは、あるいはいつ生かし、いつ殺すのが正しいかは必ずしも明確ではなかったけれど、それでもこの責任から逃れることは不可能だった。そしてこの責任には、一定の敬意が必要不可欠だった。動物への敬意と生命そのものへの敬意、さらにまた、人間に与えられたその責任に対する敬意も。

父さんは家にショットガンをもっていた。引き金をロックした状態で戸棚にしまっていた。使うことはめったになかった。年に一度か二度、僕の知らない人たちと狩りに出かける程度だった。そんな日は朝早くに、だぶだぶの厚手のジャケットと緑色のハンチング帽という格好で出かけていった。ときには、死んだ野うさぎを、その血のついた後ろ足でぶら下げるようにして持ち帰ってきたこともあった。キジを二羽もって帰ったこともある。けれども、自分で撃ったことはほとんどなさそうだった。いつも仕留めたのは他の誰かだと言っていた。父さんは、じっとしている動物を撃つのは好きじゃないと言った。ピンと立てた耳を小刻みに動かし、それでも危険に気づいていない野うさぎ。木の上でクークー鳴いているヒメモリバト。そんな動物たちに狙いを定めても、引き金を引く気になれない、と言っていた。

でも父さんは、家で飼っていた猫のオスカルのことは撃った。それは確かだ。オスカルは、ちっとも人に懐《なつ》かない、よく太った、白黒のぶちがあるオス猫で、昼間はほとんどソファの上で寝て暮らし、夜になるとドアからこっそり出ていって朝まで帰らなかった。そのうち、年をとって病気になり、弱ってしまい、ある朝いなくなった。オスカルは出ていった、車に轢《ひ》かれたのかもしれない、という父さんと母さんの話を、僕は疑いもしなかった。ずっとあとになってから、実は父さんがオスカルを殺したのだと知った。ショットガンで撃ち殺したのだ。父さんは、そうすべきだと思ったのだ。

父さんは祖母のナナが飼っていた猫も撃ち殺そうとした。やはり年をとって病気になり、衰弱していた。父さんは、その猫とライフルを車のトランクに押し込み、森の奥深くの小さな伐採地まで車を走らせた。車を停めたちょうどそのとき、森が途切れる辺りにヤマウズラの群れがいるのを見つけた。ヤマウズラにそこまで接近できることはめったになく、トランクには弾を込めた銃が入っている。そこで父さんは、気づかれないようにそろそろと車の後ろまで回り、片手でそおっとトランクを開けて、もう片方の手を差し込み、猫を逃さないよう気をつけながらライフルを取り出そうとした。ところがその瞬間、猫は――年老いて病気の、弱っている猫は――どういうわけか元気を回復した。目の前を黒い影がかすめ去ったと思ったときには、猫は開いたトランクから猛スピードで飛び出し、木々の間を縫うように駆け抜けて、まっすぐヤマウズラの群れのほうへ向かっていた。猫が跡形もなく森の奥へ消えたそのとき、驚いたヤマウズラの群れも、反対側へと慌《あわ》てて飛び去った。父さんはライフルを手に、ひとり車の横に佇《たたず》んでいた。父さんはうかつにも失敗してしまった。それ以来、父さんがあの猫の姿を見ることはなかった。

＊

人間と動物についての、そして両者の違いについての父さんの考え方は、父さんが子どもの頃に身に着けて以来、ずっと変わらないものだった。父さんにとっては、疑う余地のない、当たり前のことだった。でも僕は、それを当たり前だと思ったことはなかった。

農場で育った父さんは、幼い頃から畜舎のネズミ退治を手伝ってきた。素手で捕まえると、なんのためらいもなく素早く畜舎の壁に思い切り投げつけた。鶏が首を切られるところや、猫が溺死《できし》させられるのを見てきた。自分の父親が豚を解体する場面にも立ち会った。麻酔をかけられた豚が首を切られ、失血死するところを見た。豚の皮を熱湯で湯通しする方法を覚え、そうすれば豚の濃い剛毛をこそげ落とせることを学び、その後豚の体が切り刻まれ、生きていた動物がどんなふうに肉の塊になるかを知った。

成人してからも、父さんはずっと家畜の解体を手伝っていて、一度その現場へ僕を連れていったことがあった。おそらく僕が一〇歳ぐらいのときだ。僕たちは明け方に家を出た。父さんの両親の農場に着くと、畜舎の扉が開いていて、湯気の立つ熱湯が上まではられた大きな桶《おけ》と、床に並べられたナイフやブラシ、そして祖父に引かれて大人しくついてくる大きな豚が見えた。僕はワクワクし、たぶんちょっと怯えていた。父さんはそれに気づいたに違いない。いよいよ中に入って仕事を手伝おうというときになって、父さんは僕の顔をのぞきこみ、「やっぱり、お前はナナおばあちゃんと家で待っていたほうがいいだろう」と言ったからだ。

父さんの声は本当に心配そうで、そのことに僕は驚き、屈辱と落胆で胸が苦しくなった。けれども、父さんが畜舎に入って扉を閉め、戸外にひとり取り残された僕が感じていたのは、何よりもまず安堵の気持ちだった。

それから数日後の朝早く、僕と父さんは川べりではえなわを調べていた。夏も終わりに近づき、ずっと続いている暖かさのせいで、土手の草は枯れてパリパリになっていた。よく太った大きなトンボが僕たちの頭の上をホバリングしながら飛び交い、早瀬を流れる水もいつもより静かで満足げな音をたてている。僕は、土手の下のあの柳の枯木のそばに立っていた。父さんは一メートルほど後ろにいた。ナイロンの釣り糸の一本が、バイオリンの弦のようにピンと張っているのを見つけたのだ。僕が手を触れてみると、釣り糸が震えるのがわかった。糸をつかむと、あのお馴染みのうねるように抵抗する力が返ってきた。「ウナギだ」と僕は大声で叫んだ。

それはかなり大きなウナギで、背中は濃い茶色で、腹は白く光っていた。僕はウナギの頭のすぐ後ろをしっかりつかんで、その食いしばった顎の向こうにあるはずの釣り糸の様子を調べようとした。ウナギは太いロープで締め上げるような力で僕の腕に絡《から》みついてきた。肘《ひじ》まで締めつけたと思うと、不意に力を緩めて、しっぽで僕の顔をピシャリと打った。ヌルヌルした粘液が僕の頬にはりついた。魚の臭《にお》いと一緒に、ウナギの過去と塩気を含んだ海の匂《にお》いがした。

僕はやっとのことでウナギの口をこじ開けて、釣り糸が喉の奥に飲み込まれているのを確認した。釣り針はそのずっと奥に隠れていて、糸の結び目さえ見えなかった。

僕はしばらくの間、糸を小刻みに揺すったり、糸を引く力を強めたり弱めたりしていたが、そのあと指を喉の奥まで突っ込んで釣り針を引っ張り出そうとすると、何かが砕けるような湿った小さな音がして、ウナギの口から血が溢《あふ》れ出した。

「釣り針を飲み込んじゃったんだ。取ってくれない？」と僕は父さんに助けを求めた。

父さんはかがみ込んでウナギをよく調べた。

「可哀想《かわいそう》に。飲み込んじゃったんだな。どうしてそんなことしちゃったんだ？」

そう言うと父さんは立ち上がり、もう一度僕の顔を見た。「だめだ、お前が取りなさい。ちゃんとやれるはずだ」

13
海の中で

人はときにウナギに魅了され、ときに嫌悪してきたが、身近な自然の中で見かけるウナギは好感がもてる。気取ることはめったにない。騒ぎ立てることもない。周囲の環境が与えてくれるものを食べる。いつも控えめで、注目も称賛も求めない。

ウナギは、たとえば、快活でキラキラ光る体をもち、猛スピードで泳いだり、果敢に水に飛び込んだりするサケとは違う。サケは、利己的で虚栄心の強い魚に見える。ウナギは満ち足りているように見える。自分の存在意義を大げさに騒ぎ立てたりしない。

そしてウナギは、もっと本質的な意味においても、サケとは正反対だ。どちらも回遊魚で、淡水と海水の両方で生活し、どちらも変態するが、その生活史のもっとも重要な側面に違いがある。

サケはいわゆる遡河《そか》性の魚である。淡水で繁殖し、生まれた仔魚《しぎょ》はおよそ一年後には海に向かい、その生涯の大部分を海で暮らす。そして数年後には（サケがウナギのような忍耐力を持ち合わせていないことは明らかだ）、性的に成熟したサケが、淡水の川を遡《さかのぼ》り、産卵する。

ウナギも、やはり似たような回遊の旅を行なうが、方向が逆だ。ウナギはいわゆる降河性の魚で、生涯のほとんどを淡水で過ごすが、産卵は海で行なう。

他にも、ウナギとサケには見えにくく、分かりづらい相違点がある。サケは、川や水路を遡上して、必ず自分の両親が生まれた場所へ戻る。すべてのサケが、文字通り祖先が残した足跡をたどる。どういうわけか、サケは自分が向かうべき場所を知っている。海にいれば自由で誰にも遠慮のいらない暮らしを楽しむことができるのに、結局は生まれた場所に帰って、あらかじめ決められた共同体に加わることになる。つまり、ある川で見られるサケの個体群と、別の川で見られるサケの個体群には明確な遺伝的差異が認められる。サケは、いわば自らの生物学的な起源に固く繋《つな》ぎ止められている。生存に関わる問題については、サケは逸脱を許されない。

もちろんウナギも、生まれた場所、つまりサルガッソー海を目指して回遊するが、その広大な海域にたどり着いてみると、そこにはヨーロッパのあちこちからやってきたさまざまなウナギがいて、無差別に繁殖活動が行なわれる。ウナギの起源は、血筋や生物学的なつながりではなく、場所に過ぎないのだ。そしてその後、柳の葉に似た小さな幼生が、漂いながらヨーロッパ沿岸部にたどり着いたとき、シラスウナギに姿を変えた幼生は、住処《すみか》を求めて遡上する川を、行きあたりばったりに選んでいるように見える。ウナギが大人になってからの日々をどこで過ごすかは、そのウナギの祖先の暮らしとはどうやら何の関係もなさそうだ。あるウナギがなぜある川を選ぶのかは、今も謎のままだ。これはつまり、ヨーロッパ各地のウナギに見られる遺伝子的な差異は、無視して問題ない、ということだ。ウナギはみんな、この世界での自分の居場所を、案内人もなく、先祖から受け継いだ遺産も伝統もなしに、実質ひとりで探し求める。

ひょっとすると、予《あらかじ》め定められた自由のないサケの一生よりも、ウナギのこの宿命に人は共感しやすいのかもしれない。そしてだからこそ、ウナギは、その謎めいたよそよそしさにもかかわらず、人間にとってこれほど魅力的な生き物であり続けているのだろう。お互いに秘密をもっているほうが理解しあえる、ということは往々にしてあるものだから。ウナギの謎に包まれた側面は、人間がもつ隠れた側面に似ている。そして、この世界における自分の居場所を独力で探し求めるところも。それは間違いなく、結局のところ、あらゆる人間のもっとも普遍的な経験だと言えるのではないか？

＊

もちろん、これはウナギの擬人化であり、ウナギを実際以上のものに、あるいはウナギが望んでいる以上のものにしようとすることに、胡散臭《うさんくさ》さを感じる人もいるかもしれない。人間以外の生き物に、人間らしい特徴を付与する手法は、たとえば文学でもよく用いられてきた。おとぎ話や寓話《ぐうわ》には、感情があり、考えたり言葉を話したりする擬人化された動物や、教訓を示し、何らかの価値観に基づいた行動をする動物が登場する。宗教の世界でも擬人化が広く行なわれている。神に人間の姿や特徴を付与することによって、人々が神を受け入れやすくする工夫がされている。北欧神話のアース神族は、人間の姿をした神々だ。イエス・キリストは神の子であり、同時に人間でもあった。両方であることによってのみ、世俗と神のつながりの象徴となることができ、人類の救世主となることができたのである。つまるところ、これは同一視の問題であり、馴染みのないものの中にいかにして馴染みのあるものを見つけさせ、それを理解し親近感を抱かせるか、ということだ。画家は、肖像画を描く際には、必ずそこに自分の一部を描き込んでいる。

しかし科学の世界では、擬人化は昔から認められていない。科学は純粋な客観性に基づくものであり、顕微鏡によってのみ証明できる真実を扱うものだとされている。科学は、この世界を推測を交えずにありのままに記述しようとするものだ。ウナギは人ではなく、したがって人になぞらえることはできない。知識に対する、客観的で経験主義的な態度を持つ者は、動物を擬人的に語る気にはなれないはずだ。彼らは、この世界を今このように経験できるのは、我々人間だけなのだ、と考えている。

ところが、レイチェル・カーソンが著書の中でウナギについて行なったのは、まさにそれだった。ウナギを擬人化したのである。彼女はウナギを、感情をもった知覚力のある生き物であり、記憶力と思考力をもつ動物で、定められた試練を苦しんだり、生活の楽しさを謳歌《おうか》したりする存在として描いた。そしてそれには、ちゃんとした理由があった。いつの日か、人類が科学の歴史を振り返るとき、レイチェル・カーソンは、ウナギだけでなく、ウナギも当然その一員である、広大で複雑な生態系についての我々人類の理解に、もっとも貢献した注目すべき人物の一人とされることだろう。

レイチェル・カーソンは、二〇世紀における、もっとも著名で影響力のある海洋生物学者の一人だった。何よりもまず、彼女は海とそこに生息する動物の専門家だった。

海の生物についての画期的な著書を何冊も書き、ついには、急速に広がっていった環境保護運動の先駆者となり象徴となった。

カーソンは、一九〇七年の五月にペンシルベニア州のスプリングデールにある小さな農場で生まれ、そこで育った。町を取り囲むように流れる広大なアレゲーニー川は、目と鼻の先にあった。ここで過ごした幼少期に、動物や自然に対する彼女の終生の関心が生まれたのである。小さい頃に、彼女は森や湿地、それに鳥や魚を愛するようになった。特に夢中になったのは、川と、川に注ぎ込む渓流が、海を目指す長い旅のついでにそこへ連れてくるさまざまな生物だった。

とはいえ、彼女に専門的職業への道が準備されていたわけではまったくなかった。カーソンの父親は巡回販売員で、母親は主婦だった。一家は貧しく、研究者になれるチャンスに恵まれるはずもなかった。しかし、教師をやめて結婚した彼女の母親が、娘の自然への興味を大切に育てた。カーソンを遠くまで散歩に連れ出して植物や昆虫、鳥を見て歩いた。観察の方法を教え込み、細部にどのように注意を向けるべきか教え、さらには、生物の多様性に対する深い洞察と愛情に満ちた敬意を娘の心の中に少しずつ育てていった。レイチェル・カーソンは、読み書きができるようになるとすぐに、ネズミやカエル、フクロウ、そして魚についての、事実にもとづく物語を書いた小さな本や、挿絵入りの小冊子を作りはじめた。カーソンは、親しい友人がほとんどいない、孤独な子ども時代を過ごしたと言われているが、自然の中では、寂しさや、場違いな感じを味わったことがなかった。彼女にとって、自然は他のどこよりもよく知っている世界だったのだ。

　高校を首席で卒業したカーソンは、一八歳で大学に進学することになる。学費は、母親が家に代々伝わる陶磁器を売って工面した。大学では、最初は歴史や社会学、英語、フランス語を学んだが、彼女の生涯にわたる関心の対象は、入学直後に提出した小論文にすでにはっきり表れていた。「私は、自然界のあらゆる美しいものが大好きで、野生の生物はみなよき友人です」。そしてその二年後、二〇歳のときに、カーソンは人生を変える気づきを得ることになる。彼女自身、それを悟りと表現している。ある日のこと、カーソンはふいに自分は生涯を海に捧《ささ》げるために生まれてきた、と気づいたのだ。海はその後、彼女が自身の関心と学術的天分のすべてを注ぐ対象となった。のちにカーソンは次のように書いている。「私は気づいたのです。自分の道は海に——それまで海を見たことはなかったけれど——続いているのだと。なぜかはわからないけれど、自分は海と運命的につながっているのだと」

レイチェル・カーソンはいったいどうしてそこまで海に魅了されたのだろう？　彼

女の選択は気まぐれなものに見えるかもしれない。海辺とは遠く離れた場所で育ち、海を見たことも、海水につま先をつけてみたことも、浜辺に打ちつけては砕け散る波の音を聞いたこともなかったのだから。そしてそれにもかかわらず、彼女はそれを必然だと感じていた。あたかもカーソンは、直感に導かれるままに広大な川を下り、潮流に逆らって、その起源であり、あらゆるものの起源でもある海へ向かおうとしているかのようだった。それが、彼女の悟りの核心だった。我々は皆、かつては海にいたことがあり、だからこそ、この地球上の生命を理解したいと考える者はみな、まずは海をよく知る必要がある、と彼女は考えていた。のちに、一九五一年に書いた『われらをめぐる海』と題する著書のなかで、カーソンはこの考えを、彼女が多くの海洋生物学者とは違っていることを端的に示す筆致で、つまり科学的であると同時に詩的でもある文章で次のように説明した。

「かれら動物たちが海から這《は》い上がり、陸上の生活を始めたとき、かれらはそのからだのなかに海の一部を持ちはこんだ。そしてそれはかれらが子々孫々につたえ、こんにちでさえも、すべて陸棲《りくせい》動物の起源を、古代の海につなぐ遺産となったのである。魚類や両棲類や爬虫類《はちゅうるい》、そして温血の鳥類や哺乳類《ほにゅうるい》――それからわたしたち人類も、その血管のなかには、塩からい液体が流れている。そしてこの流れには、ナトリウム、カリウムなどの元素が、海水とほとんど同じ割合でふくまれているのだ。これこそは、何百万年といい知れぬ昔、遠い祖先たちが単細胞から多細胞の生物へと進化し、そして、はじめてその体内に循環系が生まれたときから、受けついだわたしたちの遺産であり、その体内を流れる液体とは、まさに当時の海水にほかならなかったのである」

つまり、我々はみな水から生まれた。誰もが、それぞれの謎《なぞ》に満ちたサルガッソー海から生まれた、ということだ。「生命そのものが海のなかで始まったように、わたしたちの一人一人は、その各々《おのおの》の生活を、母親の子宮のなかにある小さな海岸のなかで始める」

*

一九三二年の秋、大学院で海洋生物学の研究をはじめたばかりのレイチェル・カーソンは、研究室の隅の大きな水槽でウナギを飼育していた。ウナギが塩分濃度の変化にどう反応するか調べたいと考えていた。カーソンは、ウナギがその生活史において体験する大きな変化にどのように対処しているのか、自らの宿命である、長く、心もとない回遊生活と、謎に満ちた変態をどのように受け入れているのかを知りたいと考えていた。それは終わりの見えない研究だったが、カーソンがウナギに心を奪われているのは明らかだった。友人たちにウナギを見せびらかし、その謎に包まれた生活史とサルガッソー海を目指す長い旅のことを話して聞かせた。いつもウナギのことで頭がいっぱいで、何をやっても結局はウナギに帰っていった。

　ところが、学問の世界で身を立てるという彼女の夢が、突然潰《つい》えてしまう。一九三五年の七月に父親が亡《な》くなり、彼女が母と姉を経済的に支えざるを得なくなったのだ。大学の研究室での、ささやかな報酬が支払われれば御の字の仕事を続けることは不可能だった。野心と自己実現への思いよりも、家族に対する義務と忠誠を選ばざるを得なかった。しかし大学の知人の紹介で、彼女のもう一つの長年の関心を満たすことによって、定期的に給料を貰《もら》える道が開ける。長年の関心とは、文章を書くことだった。こうしてカーソンは、海の生物についてのシリーズ物のラジオ番組の脚本の執筆を始めた。一話七分、全五二話からなる番組を通して、彼女はさまざまな海の生き物のことを、科学的な正確さを保ちながら、素人《しろうと》である聞き手を楽しませる工夫をこらした文章で説明した。この仕事の発注者である米国水産局は、作品の出来栄《できば》えにとても満足して、すぐに次の仕事を依頼してきた。海洋生物についてのパンフレットの、冒頭に載せる文章を書いてほしいという内容だった。カーソンが書き上げた「水の中の世界」と題するその作品は、海の生物の物語だった。鏡のように光る海面の下に潜む、捕食し、捕食され、繁殖し、生まれ、死んでいくあらゆる種類の生き物たちの物語だった。海洋生物についてのしっかりした科学的知識に基づく文章ではあったが、一方で独創的で情緒的な物語でもあった。作品を読んだ彼女の雇用主は、水産局が発行する資料にはふさわしくないと判断した。彼が期待していたものとは違っていたからだ。カーソンの作品は文学だった。

「これは使えないな」と雇用主は言った。「しかし、『アトランティックマンスリー』（米国の月刊総合誌）に投稿するといい」

かくしてカーソンは作家となった。レイチェル・カーソンは、本当に海へと、あらゆるものの起源へと向かう道を進むことになり、その起源を知り、理解することを中心に、彼女の人生と仕事は展開していくことになる。

*

レイチェル・カーソンの最初の著書は一九四一年に刊行された。『潮風の下で』というタイトルのこの本は、じつはあの、『アトランティックマンスリー』に掲載された海についての作品を元にしたものだった。彼女は海を、さまざまな側面をもつ広大な環境であり、はるか下方の深海で何が起きているかはほとんどわからない、人間の興味や知識の及ばない場所として描こうとしていた。そしてそうすることによって、より普遍的で重大な事実を指摘したいと考えていた。それは、すべてのものがどんなふうに繋がり合っているか、ということだった。カーソンは、編集者への手紙に次のように記している。「この本の中の物語の一つひとつが、想像力を刺激するだけでなく、人間が抱えるさまざまな問題について、よりバランスの取れた見方を与えてくれる、と私は考えています。動物たちの物語は、太陽や雨、あるいは海そのものと同じように時間を超越したものなのです」

　そこでカーソンは、海洋生物学者ならふつうは使わない手法を用いることにした。擬人化、というおとぎ話や寓話でよく見かける仕掛けである。この本の第一部には海辺の生き物のことが書かれている。第二部は外海、第三部は、海の底で起きていることが説明されていて、それぞれの部が異なる生物を取り上げている。第一部で読者が出会うのは、海辺で暮らす海鳥、クロハサミアジサシだ。タップミノーやカニを餌にし、季節や潮の変化に合わせて移動する彼らは、生態系という、より大きくて果てしなく複雑なしくみに組み込まれた歯車として、その一生を過ごす。このクロハサミアジサシは、過去の出来事や性格だけでなくリンコプス、という、ラテン語の学名から取った名前まで与えられている。そして物語が進むにつれて、海辺という特殊な環境に暮らす、非常に多くの他の動物たちと出会うことになる。サギ、カメ、ヤドカリ、エビ、ニシン、アジサシなどだ。一方人間は、クロハサミアジサシにとっては、遠く離れた場所にいるよそものに過ぎないのだ。

第二部では、スコムバーという名のサバの物語が同様の手法で語られる。大勢の仲間に混じって外海へと進んでいくサバのスコムバーは、カモメやサメ、クジラに遭遇するが、彼が唯一本気で怯えたのは、顔の見えない人間たちが、海の中にトロール網を投げ込むのを見たときだった。

最後の第三部で、読者はウナギと対面することになる。カーソンにとって、海がもつ複雑な魅力の象徴としてウナギにまさるものがなかったことは言うまでもない。彼女はそれを、編集者にも手紙で伝えた。「ウナギの姿にぞっとする人が大勢いることは知っています。でも私にとっては（そしてきっと、ウナギの一生を知っている誰にとっても）、ウナギは、この地球上の、はるか遠くの素晴らしい場所をあちこち旅してきた誰かに会っているような気分にさせてくれる魚なのです。ウナギを見ると、ウナギが旅してきた見知らぬ場所の鮮やかな風景が、たちまち目に浮かんできます。そこは、人間に過ぎない私には、決して訪れることができない場所です」

物語は、丘の麓《ふもと》にあるサンカノゴイの池と呼ばれる小さな池から始まる。海から三〇〇キロほど離れたこの池のほとりにはイグサやガマ、ミズアオイなどが根を張っている。池には二本の川が流れ込んでいる。ここでいよいよ我らが主人公の登場となる。

「毎年春になると、たくさんの小さな生き物が海から三百キロもの旅をして草におおわれた水路をさかのぼりサンカノゴイの池まで入ってくる。その生き物は人の指よりも短く細いガラス棒のような形をしている」

さらにレイチェル・カーソンは、アンギラという名の一〇歳になる一匹のメスのウナギに焦点を合わせる。アンギラは、華奢なシラスウナギとしてこの池にやって来てからずっとここで暮らしている。日中は葦の茂みに隠れ、夜になると餌を探しにいく。「アンギラも多くのウナギと同じように夜行性なのだ」。アンギラは、池の底にある暖かくて柔らかい泥のベッドに潜って冬を越す。「彼女もほかのウナギのように暖かいところが好きだったのだ」とカーソンは書いている。アンギラは、ものごとを体験して感じ、過去の記憶をもち、苦しみや愛を知っている生き物である。やがてアンギラは、こみ上げる思いを抑えきれなくなる。なぜなら、秋がやってきたとき、これまでとは何かが違っている、とアンギラは感じたからだ。アンギラはふいに旅に出たいという衝動に駆られる。それは言葉にできない漠然とした憧《あこが》れのようなもので、ある夜、暗闇《くらやみ》にまぎれるようにしてアンギラは池から注ぎ出す川の入り口へと向かい、いくつもの川や沢を下って、二〇〇キロも離れた外洋に泳ぎ着く。そのあと読者は、アンギラが数々の障害や苦難を乗り越えて、サルガッソー海にたどり着くまでを見届けることになる。大洋の深い海底の「盆地」と呼ばれる深淵《しんえん》、「まさに時の流れそのもののように慎重で変化を許さない」海流が「ゆっくりとはうように動く」暗黒の深い海への道のりを。

そしてその後、アンギラや他のすべての成熟したウナギたちが人間の視界からも、人間の理解からも消え去っていったとき、読者の視線は、浮遊する柳の葉型の小さな幼生へと向かう。「親ウナギが残した忘れ形見」である幼生たちは、海流にのって、親ウナギとは逆方向に長い年月をかけて流され続け、大洋を渡り、大陸棚を越えて陸地にたどり着く。そしてそこは、「太古の昔には海があった」場所なのだ。

『潮風の下で』は一九四一年一一月にアメリカの書店に並んだ。そして、これはもちろん、最悪のタイミングだった。一カ月後に日本が真珠湾を攻撃するという、世界的な大事件が勃発《ぼっぱつ》したからだ。アメリカは戦時体制に入り、人々は、ウナギやサバ、クロハサミアジサシについて書かれたおとぎ話への関心を急速に失っていった。本は二千部も売れずに、すぐに忘れ去られた。

しかしその後、この本は再び取り上げられ、新装版となって出版されて、後世の人々にずっと愛され、読みつがれている。それは何よりも、この本が、文学的な文章によって、空想的で夢のような、美しい場所として海を描き出す一方で、その内容は常に科学的根拠に基づいているからである。レイチェル・カーソンが動物を擬人化することを決めたのは、もちろん目的をもった意図的な行動だった。おとぎ話に使われる手法を用いながらも、決して科学や事実をないがしろにはしなかった。ウナギに言葉をしゃべらせたり、じっさいの生物としてありえない行動を取らせたりはしなかった。カーソンはただ、ウナギが現実をどんなふうに受け止めているかを想像してみようとしただけだ。さまざまな困難や変態、そして彼女が科学的明快さで解説した回遊という奇妙な生活史を、ウナギがどんなふうに経験しているのかを、推し量ろうとしただけなのだ。彼女はそれを、初版本のまえがきで次のように説明している。「この本には敵に『怯える』魚が登場します……私は、魚も私たち人間と同じように恐れを感じると考えているわけではありません。そうではなく、その魚が、人間が怯えているときと同じような行動をしていると考えたから、そう書いたのです。魚の反応は、本来身体的なものです。一方私たち人間の反応は、主として心理的なものです。けれども、魚の行動を人に理解してもらうためには、本来は人間の心理状態を言い表す言葉を使って説明する必要があるのです」

こうして、我々人間はウナギの行動をはじめて理解できるようになった。少なくとも、以前よりは理解しやすくなった。レイチェル・カーソンは、自分以外の生物のなかに自分とよく似た部分を見つけられなければ、その生物を本当の意味で理解することはできない、と考えていて、自然科学の歴史を振り返っても、そのような科学者は他に見当たらない。カーソンは動物に感情移入し、それが動物を擬人化する勇気と力を彼女に与えた。カーソンは、それまで科学の世界ではタブーとされてきたことを実行した。ウナギに人間の意識に近い認識力を与え、そうすることによってウナギにより近づくことに成功した。彼女がそうしたのは、厳密に科学的な意味で、ウナギにそのような能力があると考えていたからではなく、ウナギがいかに特異で複雑な生き物であるかを、人々によりよく理解してもらうためだった。ウナギをウナギのままにしておく一方で、我々人間がある程度共感できる存在に、謎ではあるけれど、全く知らないわけではない存在にするためだった。

*

では、人間とウナギの違いは何なのか？　一般的には、人間を人間たらしめているのは、自身の存在を意識する能力であり、その意識する力によって、自分という存在に何らかの影響を及ぼしたいという願望が生まれる、と考えられている。少なくとも、それが人間と動物の違いである、と昔から考えられてきた。

一七世紀には、ルネ・デカルトが、人間以外の生物はすべて「機械人形」であると主張した。動物は機械の体であり、その行動は機械的反応に過ぎない。しかし人間は、あらゆる動物に欠けているもの、つまり魂をもっている。この魂が思考を可能にしているのであり、そのこと自体が、意識の存在を証明している。言いかえれば、人間に意識があるのは、人間には魂があるからである、ということだ。魂をもたない動物に、意識はない。

魂を所有しているおかげで、人間は動物たちより上位に君臨するようになり、さらには時の流れも超越する存在となった。魂の概念は昔も今も、人間は個人であるという概念と強く結びついている。individual《個人》という言葉には、これ以上分けることができないもの、他のすべてのものが変わってしまっても全体であり続けるひとつながりのもの、という意味がある。しかし人間の身体《からだ》は間違いなく変化し、人間の人生を取り巻く状況も同じように変化するものだから、我々人間をずっと変わらない個人としている何かが、永遠に変わらない何かがあるはずだ。その何かとは魂である、と大昔から考えられてきた。

ところが、動物と人間を区別するこの違いが、その後物議を醸《かも》すことになる。カール・リンネが、改訂を繰り返してきた『自然の体系』の第一〇版（動物学の命名法が掲載されているこの版は、『自然の体系』のなかでももっとも重要な版だとされている）を一七五八年に公表すると、以前の版からの改訂内容のいくつかが激しい議論を呼び起こした。こともあろうに、これまで魚だとしていたクジラと、鳥だとしていたコウモリを、哺乳類に分類しなおしたのである。そればかりか、この版では人間と動物の境界線も一時的になくしてしまった。この第一〇版で、リンネはオランウータンを人間と同じヒト属に位置づけた。つまり、リンネの考えでは、オランウータンも人間だった。我々ホモサピエンスは、もはやヒト属の唯一の生き残りではなく、これまで考えられてきたような特別な存在ではない、ということだった。

これは科学的な間違いですぐに修正されたが、しかしこの間違いは、いくつかの興味深い疑問を呼び覚ました。オランウータンが人間だとしたら、それはオランウータンには魂があるという意味なのか？　オランウータンは自分の存在を意識しているのか？　もしもそうなら、人間とオランウータンの違いは何なのか？　そして、これまであると思っていた違いがないというなら、人間とコウモリ、あるいはウナギは本当のところ何が違うのか？

やがて、チャールズ・ダーウィンが現れて、人間から永遠の魂を奪い去った。進化論は永遠の魂という概念をもたない。なぜなら、あらゆる生命体は、そして生命体を構成するあらゆる部分も、変化しうるという前提に立っているからだ。こうして人間は、他にもたくさんいる動物の一種となった。そしてその後、近代科学が発展するにつれて、今度は動物の世界のほうが、人間に少し近づいてきた。動物にも、魂とは言わないまでも、少なくとも意識はあると認められるようになった。今では、動物も、これまで考えられていたよりもずっと複雑な意識を持ちうることがわかっている。魚を含む多くの動物が痛みを感じる、とする研究結果がある。多くの研究が、動物も、恐れや悲しみ、母性愛、羞恥心《しゅうちしん》、後悔、感謝、そして我々人間が愛と呼ぶ感情さえも感じることができる、と示唆《しさ》している。

動物のなかにも、霊長類やカラスのように、より高度な知的課題をこなしたり、学習によって同じ種の仲間だけでなく、別の種の動物とも関わりをもったり意思を伝え合ったりできるようになるもの、未来を想像したり、将来のより大きな報酬のために、現在の報酬を辞退する能力をもつものがいる。人間と動物を区別する重要な特徴だとずっと昔から考えられてきたすべてのもの——意識、性格特性、道具の使用、未来の概念、抽象的思考力、問題解決能力、言語、遊び、文化、悲しみや喪失感、恐れや愛を感じる能力——これらすべての判断基準が、少なくとも疑問視されるようになり、それらが不適切であることや、ときには全くの間違いであることが証明されてきた。人間と動物の違いは、じっさい、ほとんど無いものとされた。鏡の前に立つカラスは、鏡にうつる姿が自分であると知っている。それはつまり、カラスは自分という存在に気づいているということだ。カラスは自分という存在を意識しているということだ、それが、自分がどういう存在であるかを知っていることを意味するかどうかはともかくとして。

*

というわけで、ウナギには意識がある。少なくとも一定程度は。しかしウナギは、自分の存在に気づいているのだろうか？　気づいているなら、それについてどう感じているのか？　繰り返す変態や、長い隠遁《いんとん》生活、そして回遊生活をどんなふうに経験しているのか？　ウナギは退屈を感じるのか？　もどかしさや孤独を？　ついに旅立ちの秋が来て、体がたくましく変化し、体の色も銀色がかった灰色に変わり、自分でもよくわからない根源的な欲求に駆り立てられて大西洋へと泳ぎ出すそのときに、ウナギは何を感じているのか？　憧れか？　まだやるべきことがある、という思いなのか？　死への恐怖か？　ウナギであることは、じっさいどういうことなのか？

レイチェル・カーソンは、読者が理解しやすいように、つまり読者がウナギの経験を想像し、その行動を十分に理解できるように、ウナギを擬人化して描いた。しかしそれで、ウナギ自身が経験していることを本当に理解したといえるのだろうか？

この疑問は、ここ数十年間にますます重視されるようになっている。哲学者のトーマス・ネーゲルは、一九七四年に心の哲学に関する有名な論文を書いた。そして「コウモリであるとはどのようなことか」と題した。このいかにも単純な問いへの彼の答えもまた簡潔だった。それを本当に知ることは決してできない、という答えだ。

すべての動物は意識をもっている、とネーゲルは仮定する。意識とは、なによりもまず、一つの心の状態である。意識とは、この世界についての主観的体験であり、周囲の事物について、私たちの知覚が語る物語である。しかしそれでも、コウモリであること、あるいはウナギであることや、さらに言えば想像上の地球外生物であることがどういうものなのかを、人間が完全に理解することは決してできない。人間としての経験が、他の種の意識を想像する人間の能力に限界を設けている。

たとえばコウモリの意識の状態は、人間とは明らかに違っている。コウモリは、主に反響音を手がかりに世界を知覚している。そして私たちがそれを知っているのは、誰あろう、イタリアの科学者、ラザロ・スパランツァーニのおかげだ。彼は、同名の謎めいた教授がE・T・A・ホフマンの短編『砂男』に登場しているだけでなく、ウナギの生殖について真実を明らかにしようとして失敗した人物でもある。一七九〇年代のはじめに、スパランツァーニはコウモリについての数々の革新的な実験を行ない、その結果、コウモリは真っ暗な部屋の中を、進路を妨げられたり衝突したりせずに飛ぶことができる、と結論づけた。彼はまた、大量のコウモリを捕獲し、目を取り除いてから再び自然環境に戻す実験を行なった。数日後、その視力を失ったコウモリの一部の捕獲に成功すると、それらを解剖して、その胃袋の中に食べたばかりの昆虫を発見した。つまり、視力を無くしたコウモリは、目を使わなくても、餌《えさ》を獲《と》ったり空を飛んだりできたということだ。ということは、コウモリは耳を使っているに違いない、とスパランツァーニは論じた。

夜間に川の上空を飛ぶコウモリは、じつは何も見えていないけれど、高速で伝わる高周波の音を発していて、それが周囲の障害物や生き物に当たって跳ね返ってくる。コウモリはこの反響音を処理し、解釈して、周囲の世界についての、非常に詳細なイメージを作り上げている。この能力のおかげで、コウモリは真っ暗闇の中でも、生い茂る木の枝の間をすり抜けて猛スピードで飛び回ることができる。さらには、ある種類のガと別の種類のガを、羽に当たったときの反響音の違いをもとに、区別して感知することさえできる。コウモリが出会うものにはすべて、それぞれ固有の反響音があって、それによってコウモリは周囲の様子を知覚している。コウモリが知覚する世界は、途切れることのない反響音でできており、当然これらの反響音が、コウモリが感じているこの世界を形成している。

人間の意識はコウモリとは根本的に違っていて、コウモリであるとはどういうことなのかと想像しようとしてみても、ネーゲルによると、人間としての意識が邪魔をして、うまくやり遂げることができないのである。

自分が翼とほとんど見えない目をもっていたらどんな感じだろう、とか、夜の川の上空を飛び回り、口で昆虫を捕まえるのはどんな気分だろうと想像してみたり、音声信号を発射してその反響音を受け止める自分を思い描いてみるだけでは十分ではない。「私に可能な範囲では（その範囲もさして広くはないが）、そのような想像によってわかることは」とネーゲルは著書で述べている。「私がコウモリのようなあり方をしたとすれば、それは私にとってどのようなことであるのか、ということにすぎない。しかし、そのようなことが問題なのではない。私は、コウモリにとってコウモリであることがどのようなことなのか、を知りたいのである。だが、それを想像しようとすると、私の想像の素材として使えるものは私自身の心の中にしかなく、そのような素材ではこの仕事には役に立たないのだ」

そしてこの問題は、人間と動物の関係だけに限ったことではない、とネーゲルは主張する。たとえば、生まれつき耳が聞こえない人がこの世界をどんなふうに感じ取っているかを、耳が聞こえる人がどうして想像できるだろう？　一枚の絵について、目が見える人は、生まれた時から目が見えない人にどのように説明すればいいのだろう？

トーマス・ネーゲルが否定しているのはいわゆる還元主義で、これは、複雑な概念は、より簡単な概念によって説明し理解することができる、という考え方だ。たとえば、自分とは異なる生物の脳の物理的、科学的な仕組みを研究し、解き明かすことによって、その生物を理解できるようになるはずだ、という考え方である。還元主義は、より小さな事柄によって大きな事柄を説明しようとする。全体は、個々に説明し、理解することが可能なより小さな部分から成り立っており、それぞれの部分を理解することによって、全体について推測することができる、ということだ。

いや、そうではない、とネーゲルは考えた。この世界には、主観的体験である人間の意識には理解できないものがあり、たとえ人類がこの世の終わりまで存続したとしてもそれは変わらない。コウモリについてであれ、ウナギについてであれ、人間には永遠に理解の及ばない部分がある。人間は、それらの生物がどこで生まれたのか、進むべき方向をどのように知るのかを究明し、彼らのことを人間同然に知り尽くすことができる。しかし、コウモリやウナギとして生きるのがどういうことなのかを完全に理解することは、決してできないのである。

これは、この世界に対する論理的な見方であり、どう見ても正しいように思われる。それでもなお、レイチェル・カーソンは、じっさいにはありえない種類の理解に到達したのではないかとついつい考えたくなってしまう。還元主義にも経験主義にもよらず、真実は顕微鏡の下に現れる、という昔ながらの科学的信念にさえよらずに、事実上、人間だけがもつ能力、つまり想像力の力を信じることによって。

*

おとぎ話ならこんなふうに始まる。昔々、一人の男の子が一匹のウナギを捕まえました。男の子の名前はサミュエル・ニルソン。年は八歳で、それは一八五九年のことでした。

サミュエル・ニルソンは、彼が住む、スウェーデンの南の端にあるスコーネ県の南東部の町、ブランテヴィックの農場の井戸に、その日捕まえた小さなウナギを落としてしまいました。その後、井戸はずっしり重い石で蓋《ふた》をされてしまったのです。

真っ暗な井戸の中にポツンと取り残されたウナギは、ときおり井戸に落ちてくる芋虫や昆虫を食べて生き延びました。しかしそれは、世の中とのつながりを絶たれ、海や空、星を見る機会を奪われただけでなく、生きる意味さえも取り上げられた暮らしでした。ウナギにとっての生きる意味とは、故郷であるサルガッソー海に再び戻り、その一生を完結させることでした。ウナギは、自分を取り巻いていたものがすべて消え去ったあとも生き続けました。一九世紀も終わりに近づいた頃、同年代のウナギたちがたくましく成長して体が銀色に輝きはじめ、産卵し、死ぬためにサルガッソー海を目指すようになったときも、井戸のウナギは生きていました。サミュエル・ニルソンが大人になって年をとり、とうとう死んでしまっても生きていました。サミュエル・ニルソンの子どもたちが同じように年をとって死んでしまったときも同じでした。彼の孫が死んだときも、ひ孫が死んでしまったときも。

驚くほど長生きしたことによって、ウナギは有名になりました。世界のあちこちから見物客がやってきて井戸をのぞきこみ、なかにはその姿を見た人もいたかもしれません。ウナギは、現在と過去を結びつける生きた絆《きずな》となりました。自分らしい一生を奪われたウナギは、死から逃れることによって恨みを晴らしたのです。もしかすると、あれは不死のウナギだったのでしょうか？

しかし、これをおとぎ話と呼ぶのは、本当のところ、適切なことでも公平なことでもない。ブランテヴィックの井戸にウナギがいたことは、明白な事実なのだから。ウナギが長い間井戸の底で生きていたということもまた、どう見ても同じくらい本当のことだ。サミュエル・ニルソンに関しては、証明するのが少々困難だ。ブランテヴィックのウナギが井戸の中で正確には何年生きたのかということについても、立証するのは難しい。

ところが、それを立証しようとした人々がいた。二〇〇九年のこと、スウェーデンの自然テレビ番組「Mitt i naturen」（「私の自然」）の撮影クルーが、ブランテヴィックの農場を訪れた。この時、井戸のウナギは、伝説によると一五〇歳になっていたはずで、クルーたちは、ウナギが生きていることをドキュメンタリー番組で伝えることによって、この逸話を伝説の世界から現実の世界へと少しでも近づけたいと考えていた。

あれは、スウェーデンの自然番組のなかでも、群を抜いて劇的な瞬間だった。撮影隊が四角い大きな石蓋をようやく外して中をのぞきこむと、井戸の深さはほんの四、五メートルほどで、内壁には大きな岩が埋め込まれていた。もちろん、ウナギの気配はなかった。撮影隊は用意したポンプで井戸の水を汲《く》み上げた。やはりウナギの姿はなかった。番組司会者のマッティン・エムテネースは、岩を伝って井戸の底まで下りていき、岩の継ぎ目にできたひび割れから、水がちょろちょろ滴《したた》り落ちているあたりを調べてみた。やはりウナギの気配はなかった。

撮影隊が大きな石蓋で再び井戸を閉じようとしたそのとき、井戸の底の濁った水の中で何かが動くのが見えた。エムテネースは、それが何か調べるために、もう一度井戸の底まで下りていった。

そのウナギ、撮影隊がついに井戸から引っ張り出すことに成功した、謎に包まれたブランテヴィックのウナギは、じつに奇妙な生き物だった。小さく（体長およそ五〇センチ）、痩《や》せて青白く、しかし目だけが異常に大きかった。狭くて暗い井戸の中での暮らしに合わせて、体の他の部分はすべて小さく縮んでしまったのに、目だけが、まるで失った光を取り戻そうとするかのように、普通のウナギの何倍も大きくなっていた。井戸の脇《わき》の草地をずるずる這い進むウナギの姿は、まるで異界からの訪問者のようだった。その姿には暗闇での孤独な暮らしの形跡が痛々しいほどに刻まれていた。皆と同じ明るい場所に引き出されたウナギは、あまりにも異様でこの世のものとは思えなかった。

「ブランテヴィックのウナギの伝説が真実であることは間違いないでしょう」とのちにエムテネースも回想している。ウナギはおそらく、本当に一五〇歳だったのだ。あのような状況で一世紀半も生きたウナギを前にした撮影隊は、ウナギをそこまで生きながらえさせた自然の秩序を自分たちが乱すのは、出過ぎた真似《まね》だと考えたのだろう。ウナギをじっくり調べ、大きさを測り終えると、彼らはそれを井戸の中へ、他の誰よりも長生きすることだけを考えてウナギが暮らしてきた暗闇の中へ、再び戻したのである。

　ブランテヴィックのウナギは、それからさらに数年間生き延びて、ついに息絶えた。二〇一四年八月、井戸の所有者がウナギが死んでいるのを発見した。その死骸《しがい》はストックホルムの研究所に送られ、耳石とよばれる、内耳にある石灰質の器官に刻まれた年輪の数によって、ウナギの年齢がついに明らかになるのではと期待された。しかし残念なことに、耳石は見つからなかった。体が腐敗する過程で、小さくて透明な耳石も消え失《う》せてしまったのかもしれない。井戸の底に溜《た》まっていた沈殿物が掘り上げられ、くまなく探索されたが、そこにも耳石はなかった。疲れ果て、もはや死からは逃れられなかったウナギが、どういうわけか、最後にもう一度、人類の追跡を逃れることに成功したのである。

*

ブランテヴィックのウナギの伝説のどの部分が真実だったか、という議論はさておき、ウナギが非常に長い間生きられることは事実だ。おおよその年齢が証明された最年長のウナギは、一八六三年に、フリッツ・ネッツラーという名の一二歳の男の子がスウェーデンのヘルシンボリで捕まえたものだ。ウナギはそのとき二、三歳で、痩せて体長は四〇センチほどしかなかった。サルガッソー海からの長旅を終えて、シラスウナギから黄ウナギへと変態したばかりで、オーレスン水道に入り込み、ハルソバッケン川を遡上《そじょう》しようとしていた。ハルソバッケン川は、当時はヘルシンボリ中心部にある公園の真ん中を流れていた。ウナギは川を数百メートル遡《さかのぼ》ったところで、公園にいたフリッツ・ネッツラーに捕まったのである。少年はウナギをプッテと名づけ、自分が住んでいたヘルシンボリのアパートの、小さな水槽で飼いはじめた。ウナギは年を重ねても、体はそれ以上大きくならなかった。何年たってもウナギは少年期にとどまり続け、痩せて体長は四〇センチほどのままだった。

プッテが二〇歳ぐらいのときに、やはりフリッツという名で医師だった、フリッツ・ネッツラーの父親が亡くなって、ウナギとそれを捕まえた少年はしばらく離れて暮らすことになった。プッテとその水槽は、ヘルシンボリの家から家へと譲り渡されていった。短期間ルンド（スウェーデン南部の都市）で暮らしたこともあった。

一八九九年に、とうに成人して父親と同じ医師となっていたフリッツ・ネッツラー・ジュニアのもとに再び戻ってきたときには、プッテはすでに四〇歳近かった。相変わらず痩せて体長は四〇センチほどのままだったが、目だけが、あのブランテヴィックのウナギと同じように不釣り合いなほど大きくなっていた。プッテは、フリッツが手ずから与える餌を食べた、と言われている。肉でも魚でも食べた。好物は小さく切った子牛のレバーだった。

ついに、ウナギは自分を捕まえた少年に先立たれることになった。そろそろプッテの七〇歳の誕生日が近づいてきた一九二九年に、フリッツ・ネッツラー・ジュニアが亡くなると、その後数年間は、別の家族のもとで暮らしていたが、ついに一九三九年にヘルシンボリ博物館に寄贈されることになった。結局、プッテはその博物館でこの世を去ることになる。時は一九四八年、公称八八歳だった。

プッテの亡骸《なきがら》は剥製《はくせい》にされて、現在はこの博物館に保存されている。標本目録には「ウナギのプッテ。岩と水を入れた蓋つきの水槽で飼育されていた」と記載されている。水槽の長さは五〇センチ。剥製となったプッテの体長は四〇センチに満たなかった。

ウナギのプッテは九〇年近く生きたのに、成長は、人間でいう少年期くらいで止まっていた。というのも、プッテは、あのブランテヴィックのウナギと同じで、ただ体が小さいままだっただけではなかったからだ。プッテは、ウナギを性的に成熟した銀ウナギへと成長させる、最後の変態を経験せずに死んでしまった。この事実は、ウナギについての別の疑問を呼びさます。それは、三度の変態を始めるべきときを、ウナギはどんなふうにして知るのか？ ということだ。そろそろ命の終わりが近づいていて、サルガッソー海が手招きしているということを、ウナギはどんなふうにして察知するのか？ 川を離れるべきときがきたことを、どのような声がウナギに告げるのか？

変態が偶然起きているとは考えられない。なぜなら、ウナギはどれだけ長く生きても、自身の加齢を先延ばしにできるように見えるからだ。必要とあらば、ウナギは最後の変態をいつまでも延期することができる。自由にサルガッソー海を目指せる環境にないとき、ウナギは最後の変態を遂げず、銀ウナギにならず、性的に成熟しない。そうはせずに、ウナギは待ち続ける。辛抱強く、何十年でも、チャンスが訪れる日を、もしくは、ウナギ自身が力尽きる日を。予定どおりの一生が送れそうにないとき、ウナギはあらゆることを一時保留する。そして死を、ほぼ無期限に先送りする。

一九八〇年代にアイスランドで行なわれた学術調査が性的に成熟した銀ウナギを大量に捕獲して調べた結果、捕獲されたウナギ——サルガッソー海に向かおうとしているウナギで、つまりはその生涯の最後の段階にある——の年齢にかなり大きなばらつきがあることが判明した。もっとも若いものは八歳、最年長は五七歳だった。捕獲されたウナギはすべて同一の発達段階にあり、いわば相対年代は同じで、それにもかかわらず、最年長のウナギは最年少のものの七倍の年月を生きていた。

ウナギの時間の感覚はいったいどうなっているんだろう？　と考えずにはいられない。

人間の場合、時間の感覚は加齢の過程と必ず連動している。そして加齢は、予測可能な形で時系列的に進んでいく。人間は科学的な意味における変態を経験しない。人は変化するけれど、本質的には変わらない。もちろん、全般的な健康状態は人によってまちまちだ。病気になる人もいれば怪我《けが》をする人もいるが、一般的には人間の場合は、自分がいつ頃新たな段階を迎えるかは、おおよそ見当がつく。人間の生物時計はウナギほど融通がきかない。自分は今若いのか、年老いてしまったのかをよく知っている。

ところが、ウナギは変態するたびにそれまでとは違う何かになり、生活史のそれぞれの段階を、そのとき居る場所や周囲の状況に合わせて引き伸ばしたり、縮めたりできる。ウナギは、時間ではない別の何かとの関わりの中で年をとるように見える。ウナギのような生物も、時間を過ぎ去っていく過程として経験しているのか？　それともウナギの時間はむしろ停止した状態なのか？　簡単に言えば、ウナギは、人間とは別の時間軸をもっているのか？　ひょっとして、海洋性の時間というものがあるのだろうか？

レイチェル・カーソンは、ウナギが孵化《ふか》し死んでいく海の深淵には、人間の世界とは別の時間が流れている、と主張した。海の深淵では、時間はもはやその有用性を失い、現実の経験とは無関係になっている。そこには、人間たちがいつもやっているような、時系列的な時間の数え方は存在しない。昼と夜の区別も、冬と夏の違いもない。すべてのものが、それぞれの独自のペースで進んで行く、と。レイチェル・カーソンは、その著書『潮風の下で』の中で、サルガッソー海の深淵について次のように書いている。「深海では変化がゆるやかで、過ぎゆく年月の流れも季節の移ろいも意味をもたないところだった」。カーソンはまた、『われらをめぐる海』でも、夜空の星の動きを眺め、あるいは遠ざかる地平線をみまもりながら、時間も空間も永遠ではないと感じる長い海上の旅のことを書いている。「そうしてそれから、かれの世界は水の世界であり、この惑星を支配するものは、マントのようにそれをおおう海洋だということ、さらに大陸は、めぐる海の表面の上のほんの一時の宿を借りている土地にすぎないという真理を、人は知るのである」と。

　これまでのところ、人類が発見してきた最古の生物はすべて海の生き物である。二〇〇六年にアイスランド沖で捕獲された「二枚貝の明《みん》」と呼ばれるホンビノス貝は、少なくとも五〇七歳であることが明らかになった。研究者らによると、推定される生年は一四九九年で、それはコロンブスが北米大陸に上陸してから数年後、また中国では明朝が栄えた時代であった。研究チームが年齢を調べる際にうっかり貝を殺してしまう、という出来事がなければ、いったいこの貝はどれだけ生きられたことだろう？太平洋の、中国の東側の海域には六放海綿と呼ばれる生き物が生息していて、一万一〇〇〇年以上生きられることがわかっている。海の底では、地球が自転していることも、太陽が水平線から上ったり沈んだりすることも意味をもたず、加齢も、人間の世界とは別の法則に従って進んでいくようにみえる。この世に本当に永遠と呼べるものがあるなら、あるいは限りなく永遠に近いものがあるなら、海こそがそれを見つけられる場所なのだ。

*

ウナギは不死ではないかもしれないが、ほぼそれに近い生物で、自分がウナギだったら、と少しでも想像してみた人は、その持て余すほど長い時間を彼らはどんなふうに耐えているのだろう、と考えずにはいられなくなる。たいていの人は退屈ほど辛《つら》いものはない、と言う。手持ち無沙汰《ぶさた》に待っているだけの時間は耐え難く、退屈なときは、いつにもまして時間の流れが停まってしまったように感じられる。一五〇年もの長い間、真っ暗な井戸の底で、たった一人、知覚を奪われたのも同然の状態で生きる、と考えただけで、みなぞっとする。時がたつのを忘れて打ち込めるものごとや経験がないとき、時間は魔物に、耐え難いものになる。

暗闇の中でたった一人で暮らす一五〇年間は、永久に続く眠れない夜のようなものだったのではないかと思う。遅々としてはかどらないジグソーパズルのように、時間が刻々と積み上げられていくのがはっきりわかる、あの夜のことだ。私は、眠れない夜に感じるあの焦《あせ》る気持ちを想像してみようとした。時が過ぎていくことははっきりわかっているのに、時の流れを早めることがまったくできないあの感じだ。

しかし、どうやらウナギには、物事は違って見えているようだ。おそらく動物は、人間が感じるような退屈を感じない。動物には明確な時間の概念がなく、一秒が積み重なって一分になり、それが寄せ集まって一年になり、やがて一生になる、という感覚をもたない。ウナギが退屈による焦燥感を抱くことはまずないのだろう。

けれども、焦燥感には別の種類のものもあって、そちらはウナギにも関係があるかもしれない。それは、何かを達成できない状態を無理強いされたときに感じる焦りだ。自分がやろうと思っていたことをさせてもらえないときの、耐え難い気持ちだ。

ブランテヴィックのウナギのことを思いながら、私はそんなことを考えていた。たとえ一五〇歳まで生きても、どれだけ長い間、死を先送りすることができても、あのウナギには、予《あらかじ》め定められた旅を成し遂げ、自分の存在を完結させるために使える時間はなかったのだ。ブランテヴィックのウナギはあらゆる障害を乗り越え、周囲のあらゆる人々に先立たれた。ウナギはその希望のない長い生涯を——生まれてから死ぬまでを——一世紀半もの長きにわたって引き伸ばし続けた。しかしそれでもなお、生まれ故郷のサルガッソー海に帰ることはできなかった。自分ではどうしようもない事情によって、ウナギは永遠に待ち続ける暮らしを強いられることになったのである。

この逸話から学べるのは、時は信頼できる道連れなどではなく、時間がどんなにゆっくり過ぎていくように見えていても、命は一瞬にして終わってしまう、ということだ。人は、故郷と、祖先から受け継ぐべきものをもってこの世に生まれたあと、その定められた運命からあらゆる手を使って逃れようとし、そしてたぶんそれに成功しさえするけれど、やがて、自分が生まれた場所に戻るほかない、と気づくことになる。そしてもしもそこにたどり着くことができなければ、人は本当の意味で人生を完結させることができず、そのとき人は、ふいにおとずれた悟りのなかで、本当の自分はどんな人間かもわからないまま、生涯をずっと暗い井戸の底で過ごしてきたようなものだと感じることになり、そして突然、ある日のこと、もう遅すぎると知ることになる。

14

罠《わな》にかかったウナギ

僕たち一家は白レンガの家で暮らしていた——母さんと父さん、姉さんと妹と僕の五人だ。うちにはガレージと芝生の庭があり、庭には果物の木が植わっていて、温室では父さんと母さんがトマトを育てていた。子どもはそれぞれ個室をもっていて、バスタブつきの浴室と、そこそこ広いキッチン、それに、壁に絵画が飾られた居間もあったが、誰も使っていなかった。大きなソファに座って、テレビを見られる部屋があった。地下には洗濯室とボイラー室があった。家庭菜園ではジャガイモやニンジン、イチゴを育てていて、すぐそばの堆肥《たいひ》の山は、ミミズを掘り出すのに絶好の場所だった。他には卓球台や織機、予備の冷凍庫、それから自家製の酒を作るための蒸留器もあって、蒸留器は二カ月に一度くらいの頻度でブクブクと泡を立て、原料のマッシュのきつい匂《にお》いを家中に充満させた。庭にはリンゴの木とスモモの木があって、格好のサッカーゴールになった。他には砂場もあって、雨が降ると温室のビニールの屋根がパラパラ鳴るのが、まるで機関銃を乱射する音のようだった。僕たちが住む通りに並ぶ住宅は、どれも同じ時期に建てられたものだった。近所の住人は、肉屋や養豚業者、清掃員、トラックの運転手などで、そこらじゅうに子どもがいた。みんな同じような人たちだった。驚くほど特徴がなかった。特徴がないことが、僕たちの唯一《ゆいいつ》の特徴だった。

　母さんと父さんが築き上げたその生活が、祖先から譲り受けたものではないことは前から知っていた。ふたりとも、もとは別のどこかにいて、ここに流れ着いた人たちで、というのも僕の両親のような人たちは、三〇年というほんの短い期間にほとんどすべてを変えてしまった社会の大きな流れによって、ひとまとめに流されてきた人たちだからだ。それは、個人の努力による社会移動ではなく、集合的な移動だった。スウェーデン政府が行なった三〇年間にわたる社会改革が、少なくとも一部の労働者階級の人々を、住み込みの宿舎や狭いアパートから、ガレージや果物の木、それに温室まである持ち家へと住み替えさせた。それは社会に生じた、海流にも似た力強い流れだった。

　父さんは一九四七年の夏に生まれた。そのとき、父さんの母親、つまり僕の祖母は二〇歳で、すでにメイドとして六年以上働いていた。学校に七年間通って堅信礼を受け、一四歳でメイドとして働き始めた。堅信礼の翌朝、祖母は自転車で初めての職場に向かった。自転車は祖母が月々一〇クローナの月賦《げっぷ》で買ったもので、彼女の当時の月給は、二五クローナだった。

祖母は、両親と、五人の兄弟姉妹と一緒に暮らしていた。両親は農場で雇われて働く小作人で、賃金はお金ではなく作物などで支払われることが多く、つまりていのいい奴隷《どれい》だった。一家が住んでいたのは、当時の典型的な小作人用宿舎だった。部屋は三つしかなかった。台所が一つに寝室が一つ、そこで家族八人全員が眠った——一つのベッドに二人ずつ——そして日中は出入りを禁止されている居間が一つ。屋外便所に薪《まき》ストーブ、すきま風の入る窓。そして暴力的な父親。彼らは何も所有していない人々で、一九四五年に小作農制度が廃止されたあともその家に留まり、それまでとまったく変わらない働き方と暮らしを続けた。小作人は身の程をわきまえた人たちだった。そしてその子どもたちもまた。

僕の祖母は、飾らない、素朴な美しさがある人だった。いつも笑顔で、でも憂《うれ》いをおびた内気な目をしていた。祖母は一〇代のうちに、一〇軒近い家庭を渡り歩いてメイドをしてきた。朝の七時から夜の七時まで、皿洗いや掃除、その他の仕事をこなした。休みは日曜日と、一週間に一度の午後と決まっていた。メイド部屋で一人ぼっちで眠る祖母は悲しかった――メイドであることが悲しく、他人の家でよそ者として暮らすことが悲しく、叱《しか》られ、蔑《さげす》まれ、黙って従わねばならないことが悲しかった。祖母はいつも故郷に帰りたいと思っていた。兄弟姉妹のことを思い、子どもの頃を懐《なつ》かしんだ。

僕の父が生まれる少し前に、祖母は生まれ育った実家に戻り、町のゴム工場で仕事を見つけていた。工場の仕事はメイドの仕事よりもずっとよかったが、祖母には女手一つで育てなくてはならない赤ん坊がいた。育児休暇は二カ月もらえたが、それが終われば職場に復帰しなくてはならなかった。そういうわけで、日中は祖母の両親や妹たちが、赤ん坊だった父の世話をしていた。

僕の祖母のナナが、幼い父を連れて小川のそばの農場に引っ越してきたのは、父が七歳のときのことだ。

そこは教会が所有する小作農場で、農業と養豚が行なわれ、庭園ではさまざまな花を栽培していて、祖母の仕事はその花の世話だった。子どもだった父さんも、農場に来たときから仕事をあてがわれていたが、ボクシングごっこをしたりパチンコで遊んだりするのも好きだった。川まで走っていって、早瀬のすぐ川上で泳いだりした。学校に通うようになると、歴史と科学に興味をもったが、結局退学してしまう。その後は豚を食肉処理場まで輸送する仕事をするようになった。兵役を済ませ、僕の母さんと出会い、道路舗装工の仕事に就いて、生涯その仕事を続けた。

　ちょうど祖母が父さんを育てていた期間に、スウェーデン政府は全国民を対象とする児童手当や所得補助、企業年金の制度を導入した。所得税の課税単位が家族ではなく個人となった。保健医療、妊産婦医療、児童福祉、高齢者福祉のすべてが拡充された。富の再配分が行なわれた。二週間とされていた休暇が四週間に延長された。人々の最低限の生活を保障するために必要なことの大部分を、家族に代わって、国家と社会が引き受けることになった。こうして、道路舗装工の父親と保育士の母親、つまり僕の両親のような人たちが、一世代前の労働者階級の暮らしとはあらゆる点でまるで違う生活をすることが可能になった。

　もちろん、僕の両親の暮らしに、親の代から引き継いだものは一つもなかった。しかしまた、偶然のめぐり合わせの結果でもなかった。そこには強い力が働いていた。いわば彼らは、強い流れに乗って漂流してきた柳の葉の形の幼生だった。自分ではじっさいにはまったく動かずに、大海原を旅してきた幼生だった。

　僕の姉が生まれたのは、父が二〇歳で母が一七歳のときだった。その数年後に、両親は銀行ローンを借りて白レンガの家を建てたのだ。

*

ある日のこと、父さんが、金属の輪っかと網のようなものでできた細長い奇妙なものを持って帰ってきて、家の前の庭に置いた。

「ウナギ漁の仕掛けだ。買ったんだ」と父さんは僕に言った。

誰から買ったのかはわからなかったが、いずれにせよ、それは新品ではなかった。網には大きな穴がいくつか開いていて、父さんとふたりで裁縫用の糸で修理しなくてはならなかったけれど、僕はその仕掛けの立派さに圧倒された。長さはおよそ四・五メートル。網の片側の開口部は間口がかなり大きく、反対側は先へ行くほど細くなっている。開口部の両側には翼状の網がついていて、それを両側に広げれば少なくとも三メートルは間口を広げることができた。僕は、川底に沈められたその仕掛けが、流されてきたもののすべてを捕らえるところを想像した。網は魚であふれかえることだろう。それは、はえなわとは比べ物にならないものだった。勢力均衡を覆《くつがえ》す何かだった。この仕掛けがあれば、僕たちはもう、この川で恒常的に繰り広げられている生活史と活動に時折顔を出す、遠慮がちな訪問者ではなくなる。僕たちは全能とも呼べる存在になるだろう。まるで、物事の根本的な秩序に介入する力を手に入れたような気がした。

夕食を終えて、父さんが唇と歯茎の間に押し込んだスヌース（スウェーデンの嗅ぎたばこ）で一服すると、まだ空が明るいうちに僕たちは川べりへと向かった。車がスリップするほどぬかるんだ坂道を下り、広い道を走って、柳の木のところで車を停めた。川は、数日間降り続いた雨のせいで水かさが増していた。川幅が少なくとも五、六〇センチは広がり、堤が決壊してできた濁った水たまりのあちこちから草の葉が突き出していた。柳の木につないだ僕たちのボートは激しい流れに揺さぶられ、まるで罠にかかった獣が鎖を引きちぎろうとして暴れているみたいだった。父さんはその場に立ち止まったまま、いつもより速く、激しい勢いで流れる濁流をじっと見ていた。「参ったな。増水してる」と言うと、草むらにつばを吐き、「よし、とにかくやってみよう」と続けた。

僕たちは、大ハンマーと長いポールを二本、それに短いポールを一本もってきていた。それらとウナギ捕りの仕掛けをボートに積み込んで、僕たちは流れの中にボートを漕《こ》ぎ出した。

「僕が漕ごうか？」と聞いてみた。

「いや、俺が漕ぐ。お前は仕掛けを頼む」と父さんは答えた。

父さんは流れにのってボートを進めると、途中でボートの向きを変え、何とか流れに逆らって早瀬から離れようとした。父さんがオールを持ち上げようとすると、オール受けがきしんで悲鳴を上げた。漕いでも漕いでも流れに押し戻され、ボートの舳先《へさき》が真上に持ち上げられる。父さんはぼやき、悪態をつきながら、体を後ろに倒し、全身の力を込めてオールを引いた。やっとの思いで一〇〇メートルほど進むと、二本のオールをほぼ垂直に川底に向かって突き立てて、ボートが動かないように、腕に力を込めて踏ん張った。ボートは、父さんの力を振り払おうとするかのように、右へ左へと大きく揺れた。父さんはその揺れをうまく受け流そうと、川底に突き立てたオールをポンプのように上げ下げした。

「その長いやつを川底に打ち込むんだ」と父さんは声を荒げ、顎《あご》をしゃくって僕にポールを指し示した。僕は必死で長いポールをつかむと、尖《とが》ったほうの先を水に沈めて、精一杯の力で泥深い川底に突き立てた。ボートは僕をふるい落とそうとするかのように激しく揺れたが、何とか大ハンマーをつかみ、水上に突き出たポールの先にまずまずの強打を加えた。茶色く濁った水が、僕の顔にはねかかった。

長いポールをどうにかこうにか二本とも固定し、仕掛けの開口部の両端の網を、それぞれのポールに結びつけ終えたときには、僕も父さんも泥水をかぶってずぶ濡《ぬ》れだった。父さんの顔は汗と泥水にまみれ、息が上がっていた。父さんは、オールに込めていた力を緩めてボートを一メートルばかり移動させて、僕が短いほうのポールを同じように固定して、そこに、網の細くなっているほうの先端を結びつけられるようにした。ついに、ウナギを捕まえるための罠が完成した。川の真ん中で大きく口を開く罠は、水面下に秘密の部屋のような網の袋を隠しもち、濁流の中に身を潜めていた。

　父さんはほっと息をつくとオールを川底から引き抜き、しばらくの間ボートが川に流されるに任せた。川に向かってつばを吐き、まるで難破船のマストのように水から突き出した二本のポールをながめた。

「これで大漁は間違いなしだ」

　その夜、僕はまばゆく光るウナギの大群の夢を見ながら眠りについた。黄色や茶色にテラテラ光る大量のウナギが、僕の足元を埋め尽くすように這《は》い回っていた。みんな口を大きく開けて目に怒りをたぎらせ、空気を求めて喘《あえ》ぎながら、先を争って僕の足を這い登ろうとしていた。まるで、光のほうへとのびあがる蔓性《つるせい》植物のように。どのウナギも、黒いボタンのような目をしていた。

　翌朝、川は昨日よりは鎮《しず》まっていた。父さんは、川の様子をうかがいながらボートを漕ぎ進めた。流れは緩やかになり、水も澄んでいた。無理なく流れに逆らってボートの向きを変え、仕掛けの場所まで漕ぎ進むことができた。

けれども、何か問題が起きていることは遠目にも明らかだった。長いポールの片方は傾き、もう片方はなくなっていた。仕掛け全体が水に流されてひっくり返り、上流に向いていたはずの開口部が下流を向き、今や短いポール一本につながっているだけだった。

「くそ！」

父さんはそう言うと、ボートを短いポールに漕ぎ寄せた。仕掛けは水の中でゆらゆら揺れていた。僕は短いポールを引き抜いて、濡れて冷たくなった網をボートの上に引き上げた。網には濃い緑色の藻が大量に絡《から》まっていた。網から滴る水で僕のズボンはぐっしょり濡れてしまい、あまりの冷たさに手の感覚がなくなっていく。父さんはオールを上げて、僕がもっていた網を黙って受け取った。絡まっていた木の枝や、ヌラヌラ光る藻の塊を網から外してボートの外に放り投げてから、折りたたんで山にした網をボートの真ん中に積み上げた。

僕がそれを見つけたのは、ちょうどそのときだった。網が細くなっているほうの先端部に、絡まった藻に隠れるようにして、一匹のウナギがのろのろとのたくっていた。

大きさはヒメアシナシトカゲぐらい、体長一八センチほどでやせ細り、目は黒い点のよう。これなら網の目から簡単に抜け出せたはずなのに、と僕は考えていた。もちろん小さすぎて持ち帰るほどのものではなかったが、とりあえずバケツに入れておいた。

「うちにもって帰りたい」と僕はねだった。

「もって帰ってどうするんだ？」と父さんは尋ねた。「小さすぎて食べられないぞ。放してやったほうがいい。大きくなるから」

「水槽で飼うんだ。地下の倉庫にあるやつで」と僕。

父さんは少し笑って、やれやれ、というふうに首を振った。「ウナギをペットにするとは……」

家に帰ると、僕は地下室にあった水槽を自分の部屋にもって上がった。小さい水槽で、幅が四五センチくらいだったと思う。僕はその底に砂を入れ、大きめの石を一つ置いてから水を満たした。そしてそこにウナギを入れた。ウナギは、ほとんど身動きせずにそのまま底まで沈んでいくと、石の後ろで動かなくなった。

ウナギには結局名前をつけなかった。その後何週間も、ウナギは石の後ろでじっとしたままで、僕は水槽の横に座って、ガラス越しにウナギをずっと見ていた。それが動くのを、何かが起こるのを、まるで死んでいるようなその黒い目の向こうにある何かが急に見えるようになるのを、待ち続けた。餌を食べさせようと思って、小さな昆虫やミミズを水の中に落としてみたけれど、まったく反応はなかった。ウナギは、まるで冬眠しているかのように、まるで時間が存在しなくなったかのように、石の後ろに横たわっていた。

僕は、ウナギは水槽のガラス越しに何を見、何を感じているのだろう、と想像してみようとした。ウナギは怖がっているのだろうか？　死んだふりをしているのか？　住み慣れた場所から引き離されたウナギは、この世の終わりだと考えたのか？　今とは別の暮らしを、ウナギは想像できるのだろうか？

一カ月が過ぎても、僕はまだウナギが動く姿を一度も見ていなかった。ウナギは石の後ろで死んだように横たわっていた。頭の両脇の小さなエラが静かにふるえているのが、ウナギが生きていることを示す唯一の証《あかし》だった。水槽の水は日に日に濁っていった。水は腐った臭《にお》いをたてはじめた。

「ウナギが餌を食べないんだ」と僕は父さんに訴えた。「このままじゃ餓死しちゃう」

「なに、食べたくなったら食べるさ。心配はいらないよ」

「でも、ちっとも動かないんだ。きっともうすぐ死ぬよ」

数日後、父さんが僕の部屋の水槽を見にきてくれた。濁った水と、石の後ろで動かないウナギを見ると父さんは顔をしかめ、首を横に振った。

「ふん、これはもうだめだな」

その夜、僕たちはウナギのバケツを車に乗せて小川へ向かい、僕は、車から下ろしたバケツをもって土手を下っていった。柳の木のところでバケツを地面に下ろし、ウナギを水から取り出した。ウナギの体は冷たく、生気がなかった。僕はウナギをつかんだ手を水の中にいれて、そのまま手を離した。僕もウナギも身動き一つしなかった。ところが次の瞬間、ウナギが動いた。体を左右にゆっくり波打たせたと思うと、柔らかい身のこなしで水底の暗がりに向かって泳ぎだし、そのまま見えなくなった。

15

故郷への長い旅路

たくましく太った銀色のウナギは海へと向かい、サルガッソー海を目指す生涯最後の旅に出る。銀ウナギはその目的地をどのように知るのだろう？　ゆくべき方向をどのように見つけるのか？

　ウナギに関しては、人類はあえてありふれた疑問ばかり投げかけてきたが、それは単にその種の疑問ほど、答えが必ずしもすぐには見つからないからだ。人々は、答えが簡単に見つからないことを歓迎さえする。知識に限りがあることを喜びさえする。この反応は、ただの防衛機制（精神的安定を保つための無意識的な自我の働き）ではない。これは、この世界は理解不能な場所であるという事実を受け入れるための、人間ならではのやり方でもある。謎《なぞ》めいたものにはどこか抗しがたい魅力があるものなのだ。

　考えてみてほしい。私たちがウナギはサルガッソー海で産卵することがわかっている、と言うとき、その言葉が本当に意味することは何だろう？ それは、ヨハネス・シュミットが一八年間も大西洋を行ったり来たりした末に、ようやく透明で小さい、柳の葉のような幼生の捕獲に成功した、ということを考慮すれば、ウナギの産卵場はサルガッソー海であると十分信じられる、という意味だ。我々人類は、シュミットの研究と観察、そして彼がそこから導き出した結論を信じることを選んだのである。私たちは、成熟したウナギは産卵のためにはるばるサルガッソー海まで泳いで戻ること、そしてそこはウナギの唯一《ゆいいつ》の産卵場であり、そこから生きて戻る成熟したウナギは一匹もいない、ということを信じている。そう信じている理由は、あらゆる事象がそれが真実であると示唆《しさ》しているからであり、他に、信頼できそうな説を唱える人がいなかったからだ。私たちは、ウナギの繁殖の真相を知っているとさえ言うことができる。「ついに、ウナギの最終的な目的地がわかった」とヨハネス・シュミットも書いている。外洋での調査を長年にわたって続けてきたシュミットは、知ることではなく、信じることを選ぶ権利が自分にはある、と考えたに違いない。

　しかもウナギに関しては、どんな知識も条件つきなのだ。ウナギの繁殖地がわかった、というとき、その根拠には、観察結果だけでなく、数々の仮定が含まれる。そして、間違いのない事実を知りたいと考える人にとって、これはもちろん問題だ。明確な事実を知りたい、と考えがちな科学的思考の持ち主にとって、知識に概《おおむ》ねとか大体の概念はない。一かゼロか。知っているか、知らないか。その点に関しては、科学は、たとえば哲学や精神分析学よりも、ずっと厳格だ。生物学や動物学などの自然科学は、データは経験主義的なものであるべきで、知識には観察が欠かせない、という固い信念に基づいている。

つまりある意味、アリストテレスの亡霊が今なお人類につきまとっている。すべての知識は経験から生まれるべきである。現実は知覚された通りに記述されなくてはならない。自分がその目で見たものだけが真実だと言える。これは、人はいかにしてこの世界について知識を獲得するのか、についての哲学的解釈であり、それが今なお生き残っているのは、この解釈が論理的であると同時に、希望を内包しているからだ。真実を知るまでは、人は信じることしかできない。けれども辛抱強く努力する人は、必ず最後には報われる。真実は、顕微鏡の下に現れるのである。

ウナギはサルガッソー海で産卵することがわかっている、とされているが、それを否定する重要な根拠がまだ残っている。それは、（一）ウナギが交配する様子がいまだかつて観察されていないこと、（二）サルガッソー海で成熟したウナギを見た者が一人もいないこと、である。

つまり、ウナギの謎はまだ解決されていない。顕微鏡の下に真実はまだ現れていない。この不確かさが、ウナギに夢中になっている人々を引き寄せ、彼らを駆り立てる原動力となっていることは間違いない。解くべき謎があり、答えを見つけ出すべき疑問がある。しかし同時に、その謎こそが、彼らの興味を掻《か》き立て、それを永続させる力となっているのだ。太古の昔から、ウナギの謎を解くことに没頭してきた人々は、一方でウナギの謎に愛《いと》おしむような執着を感じてきた。

　レイチェル・カーソンは、自然をおとぎ話のように描いた著書『潮風の下で』のウナギについての章で、いまだ解明されていない、謎に包まれたウナギの生態について延々と描写している。自然科学者であるカーソンは、わからない、ということに苛立《いらだ》ちを感じてもおかしくなかったが、現実はその反対だったように見える。どうやら、レイチェル・カーソンは未知であることに魅力を感じていたようだ。彼女のウナギや自然に対する態度は、単に科学的であるだけでなく、人間的でもある。

　たとえば、銀ウナギのサルガッソー海への長旅について、彼女は次のように書いた。

「潮が引いているあいだじゅう、ウナギたちは湿地を離れて海へと泳ぎだしていった。その夜、何千匹ものウナギが灯台を通り越して、遠い海への旅の最初の一歩をしるしたのだった……そして彼らが波をのり越えて海に出ていったように、彼らは人間の視界からも、またほとんどの人間の理解からも消え去っていった」
アリストテレスやフランチェスコ・レディ、カール・リンネ、カーロ・モンディーニ、ジョヴァンニ・バティスタ・グラッシ、ジークムント・フロイト、あるいはヨハネス・シュミットなら、反論したことだろう――彼らにとって、生物が人間の理解の範囲を超えることがじっさいにある、という考えは受け入れがたいものだったかもしれない――しかしレイチェル・カーソンは、ウナギが未知の領域へと消え去っていった、と考えることに、純粋な美しさを感じていたのだ。あえて、人間に理解されまいとする生物。あたかもそれが自分に課せられた義務であるかのように。「産卵場所に帰るウナギの旅の記録は深い海の中に隠されている」「ウナギの進路を追うことはだれにもできない」とカーソンは著書に書いている。彼女にとって、ウナギの謎は永遠の神秘であり、神によって定められた永久不変のものだと受け止めていたように見える。あたかも人間の理解を超えた謎であるかのように。無限や死と同様のものであるかのように。

　グレアム・スウィフトの小説『ウォーターランド』に登場する歴史教師で、物語の語り手でもあるトム・クリックもまた、「ウナギについて」と題する章で、ウナギの不可解さはある種運命づけられたものである、という思いを執拗《しつよう》に述べている。「好奇心は満足することがない。われわれがこれほど多くの知識を獲得した今日でさえも、好奇心はいまだにウナギの誕生と性生活とをめぐる謎を解けずにいる。ひょっとするとこれらの事柄は、ほかの多くの事柄と同様に、世界がその最後を迎えるときまで、ついに明らかにならないように運命づけられているのかもしれない。あるいはひょっとすると――ここで私は私自身の好奇心に振りまわされ、憶測でものを言うのだが――すべてのことが明らかになったときは、つまり好奇心が枯渇《こかつ》したときは（だから、好奇心の長寿を祈るのだが）、世界はその終わりを迎えている、そんなふうに世界は秩序づけられているのかもしれない。しかし、たとえわれわれが〈どのようにして〉と〈なにが〉と〈どこで〉と〈いつ〉とを知ったとしても、〈なぜ〉を明らかにすることなどできるのだろうか。なぜなぜなぜなぜ、というやつを」と。

*

世界の終わりが来るまでにウナギを理解しようとして、さまざまな試みや観察が行なわれたにもかかわらず、ウナギの生活史にはいまだにわからない部分がある。ウナギの闇《やみ》が降りてくる秋に、たいていは一〇月から一二月の間に、銀ウナギが川を後にすることはわかっている。そして春になると、サルガッソー海に、柳の葉のような姿の小さなレプトセファルス幼生が現れる。なかでももっとも小さいものが見つかるのは、通常二月から五月にかけてである。これは産卵がその頃行なわれることを示唆している。そこから、ウナギの旅の時間枠が見えてくる。ウナギがサルガッソー海にたどり着くまでの期間は、長くて六カ月ということになる。

しかしたとえそうであっても、ウナギがなぜ他のどこでもなくサルガッソー海を目指すのか、という疑問が残る。繁殖のために回遊を行なう動物は多いが、ウナギほど長く困難な旅をするものは少なく、何千キロも離れたたった一つの場所だけをひたすら目指すものも、そして死ぬ前にたった一度だけ回遊の旅に出るものも、ほとんどいない。

ウナギの産卵にふさわしい水温と塩分濃度をもっているのがサルガッソー海だけなのだ、という説もある。ウナギは大陸移動の前からこの世に存在していたから、かつてはウナギが回遊する距離もずっと短かったのかもしれない、という意見もある。地球上に大陸移動が起きて、長い年月をかけて陸地が少しずつ移動していったとき、ウナギはその変化に順応しようとしなかった。そして今もなお、自らの誕生の地へ、かつて自分が生まれたまさにその場所に帰ろうとしている、というのである。

しかしなによりもまず、ウナギがどのようにそこへたどり着くのか、ということがいまだにわかっていない。ウナギはどんなルートをたどるのか？　ゆくべき道をどのように見つけ、期限内にどのようにそこに到着するのか？　ヨーロッパ大陸の川や水路を出発したウナギは、大西洋の反対側の端までのおよそ八千キロもの深海の旅を、いったいどのようにして数カ月で泳ぎきるのか？

二〇一六年のこと、ヨーロッパのある研究チームが、ヨーロッパウナギのサルガッソー海への回遊に関する、かつてないほど網羅的な研究の結果を発表した。研究チームは、発信機を取りつけた総計七〇〇匹の銀ウナギを、スウェーデン、フランス、ドイツ、アイルランドのさまざまな場所から放流する研究を五年以上にわたって実施した。

西を目指して泳ぐウナギに取りつけられた発信機は、やがてウナギの体から外れて水面に浮上し、そこに記録された情報をもとに、研究者らはウナギの回遊の旅の実態を推測する。

少なくとも、それがこの研究の計画だったが、ウナギに関してはよくあることで、ものごとは計画どおりには運ばなかった。ウナギに取りつけられた七〇〇台の発信機のうち、回収されて何らかの情報が得られたのは二〇六台だけだった。そして、発信機をつけていた二〇六匹のウナギのうち、回遊の旅についての有用な情報源となるに足るだけの距離を泳ぎ進んでいたものは、たったの八七匹だった。

それでも、サルガッソー海をめざすこの八七匹の銀ウナギの旅を記録するデータは画期的なもので、その解析結果から、毎年行なわれるウナギの回遊の旅がいかに複雑で困難を極めるものであるかを示す、いくつもの事実が明らかになった。まずわかったのは、ウナギは昼夜を問わず海を泳ぎ進み、危険を避けるために慎重に行動しているということだった。日中は、ウナギは水深およそ九〇〇メートルの暗くて冷たい深海を泳ぐ。夜になると、闇に紛れて、より水温の高い海面近くに浮上してくる。それでもかなりの割合のウナギが、旅に出てから間もないうちに、サメなどの捕食者の餌《え》食《じき》となって姿を消してしまっていた。

もう一つ明らかになったのは、すべてのウナギが急いでいるわけではない、ということだった。目的地がサルガッソー海であると考えることは理論上は妥当である。実験から、ウナギは通常の速度で泳ぐとき、一秒間に体長の半分をわずかに超える距離を進むことがわかっており、サルガッソー海をめざす銀ウナギは、もはや餌《えさ》を獲《と》ったり食べたりすることや、生命を維持するための行動にも気を取られることがなくなり、体に蓄えた脂肪だけを燃料として、スピードを緩めず、いっときも休まずに、少なくとも六カ月間は泳ぎ続けることができる。地図上に、サルガッソー海とヨーロッパのどこかを結ぶ線を引き、遅くとも五月の末までにサルガッソー海に着くにはどれだけの速度で泳がなくてはならないか計算してみれば、ウナギがそれを泳ぎ切ることは可能だとわかる。果てしなく遠く、困難な道のりだが、可能ではある。

けれども、研究対象となったウナギのなかには、自分に何が求められているのかを、あるいは自分に与えられた時間がいかに短いかを十分理解していないようにみえるウナギが数多くいた。数少ない優秀なウナギは、たしかに一日平均五〇キロを泳いでいたが、それ以外のウナギは一日に三キロがせいぜいだった。

ウナギが選んだルートもまたさまざまだったが、その多くは明らかにサルガッソー海に向かっていた。たとえば、スウェーデンの西海岸で放されたウナギの大部分は北寄りに針路を取り、ノルウェー海を北上してから西へ向かって大西洋の北東部を進んだ。一匹をのぞいて、彼らはみなほとんど同じ道を選んだ。その一匹は、大西洋に到達するやいなや東へ大きく方向転換し、ノルウェーのトロンヘイム沖で跡形もなく消息を絶ってしまった。

一方、アイルランド南部のケルト海や、フランス西岸に面するビスケー湾で放流されたウナギは、南に向かってから西へ針路を変えた。そのうちの一匹はモロッコの西側で九カ月以上さまよい続けた挙げ句に、まっすぐアゾレス諸島へと向かった。

ドイツのバルト海沿岸部で放されたウナギは、さまざまな針路を選んだ。スウェーデンで放流されたウナギに倣《なら》ってノルウェー海をめざしたものもいた。イギリス海峡を通って南下したものもいた。けれども、大西洋にたどり着いたものは一匹もいなかった。

フランスの地中海沿岸で放流されたウナギは、予想に違《たが》わず西側のジブラルタル方面へと向かったが、ジブラルタル海峡を通り抜けて大西洋に出られたのはたったの三匹だった。

最初は、この調査結果は、控えめに言っても、てんでばらばらであると思われた。記録されたウナギの行動履歴は、地図上に奇妙な動線を描き出し、まるで、誰かが目隠しして迷路を書こうとしたように、あるいは、あらかじめ定められたルートなどなく、どのウナギも手探りで故郷をめざしているように見えた。しかし、少なくとも一つだけ、明らかなことがあった。それは、大部分のウナギは、産卵場に到達できないということだった。長い旅の末に生まれ故郷にたどり着くことは、大多数のウナギにとっては見果てぬ夢だった。

これは、ウナギにとっても、研究者にとっても厳しい結果に見えるかもしれない。放流された七〇〇匹のウナギのうち、サルガッソー海にたどり着くまでを追跡できたものは一匹もいなかったのだから。これでは、サルガッソー海に到達したウナギがいたと断言することなどとてもできない。どのウナギも、遅かれ早かれ海の深淵《しんえん》に潜って姿を消してしまい、人間の理解からも消え去って、発信機だけが海面に浮かび上がってきた。

それにもかかわらず、研究チームはこの調査結果から、新たな、そしてかなり注目すべき結論を導き出すことに成功した。最初にわかったのは、どうやらウナギの回遊の仕組みは、当初の予想よりずっと複雑であるようだが、なぜそうなっているかを解明することは、少なくとも部分的には可能だということだった。というのも、当初はでたらめで予測不可能に見えたウナギの針路から、最終的にある行動様式が浮かび上がってきたからだ。まず第一に、ウナギが最短ルートをとることはほとんどない、ということは明らかだった。ウナギの旅は、渡り鳥や飛行機の旅とは違うのだ。ところが、どうやらすべてのヨーロッパウナギが、旅の中間地点であるアゾレス諸島周辺のどこかで集合し、そこから先は、より密集した隊列を組んでさらに西へと向かいサルガッソー海をめざすようなのだ。回遊の旅が、軽い困惑と不安の中で始まるのだとすれば、それは先へと進むにつれてより計画的なものとなっていく、ということだ。

研究チームはさらに、ウナギの回遊に関する、これまでの理解を覆す事実を発見した。サルガッソー海で過去に捕獲されたレプトセファルス幼生の標本を調べ直し、大きさと成長率を新たな標本と比較したところ、ウナギの産卵時期はこれまで考えられていたより早く、おそらくは一二月頃に始まることがわかったのである。つまり、ウナギの産卵時期は、最後の銀ウナギがヨーロッパ大陸沿岸を出発するのと同じ頃に始まるということで、そうなると、ウナギはどのようにして繁殖に間に合うようにサルガッソー海にたどり着くのか、という疑問の解明がより困難になる。

しかし研究チームは、これについても、すべてのウナギが次の産卵シーズンに間に合うように大西洋を泳ぎ渡っていくわけではない、と考えれば説明がつく、とした。ウナギのなかには、もっと長い期間をかけてサルガッソー海にたどり着くものもいる。ひょっとすると、ウナギはそれぞれの能力に応じて、泳ぐ速度や選ぶルートを調節しているだけなのかもしれない。春先にサルガッソー海に着けるようにできるだけ速く泳ぐものもいれば、もっとのんびりした旅を選んで、翌年の産卵シーズンまで待つものもいるのだ。たとえば、アイルランド沿岸を出発したウナギは、まっすぐ西に針路を取れば春までにサルガッソー海に到着することができるが、バルト海を出たウナギは、出発から一年以上過ぎた一二月の到着をめざすかもしれない。この説明は、ウナギの行動の差異を説明するだけでなく、当初はでたらめなものに見えていたウナギの行動にある種の正当性と妥当性を与えるものでもある。もしかすると、ウナギは、それぞれが異なる能力をもつだけでなく、目的地に到達するための異なる手段と方法をもつ、個別の存在である、というだけのことかもしれない。どのウナギも同じ目的地をめざしているが、自身の起源を探る旅に、二つとして同じものはない、ということなのかもしれない。

*

　かくして、残る疑問が一つある。ウナギだけでなく、人間にも当てはまる疑問が。それは、彼らは自分の起源につながる道《ルート》をどのように知るのか？　故郷へ戻る道をどのように見つけるのか？　ということだ。

　ウナギが、目標を定めた長距離移動を可能にする特別な能力をもっていることは、昔からよく知られている。たとえば、ウナギは驚異的な嗅覚《きゅうかく》をもっていることがわかっている。一九七〇年代に、ウナギに関する有名な参考書『ウナギ』を書いたドイツのウナギの専門家、フリードリッヒ・ヴィルヘルム・テッシュによると、ウナギは犬並みの嗅覚をもっている。コンスタンツ湖にたった一滴のバラ香水を落としても、ウナギはその匂いを感じることができる、とテッシュは言った。大西洋を泳ぎ渡る長旅においても、サルガッソー海の場所を知るために、あるいは少なくとも、ウナギ同士がお互いどこにいるのかを知るために、ウナギがその優れた嗅覚を利用している可能性がある。ウナギは海水の温度や塩分濃度の変化を敏感に察知し、それらの変化を手がかりにして行くべき方向を決めているのかもしれない。磁気感覚が発達しており、それを方角を知るための主たる手段としている、と考える研究者もいる。ハチや渡り鳥のように、ウナギにも地球の磁場を感じる能力があって、それを頼りに目的地にたどり着くというのである。

　私たち人間は、ウナギの目的地がどこなのか知っている。そしてどういうわけか、ウナギもそれを知っている。ウナギは自分がどこへ向かっているのかわかっている。たとえ彼らがじっさいに選ぶルートが、曲がりくねった、予想のつかないものであっても。けれども、それをどのように知るのかということは、今もなおウナギの謎の一つであり、科学者でさえも、その不可解さを愛おしむように大切にしているのだ。

　レイチェル・カーソンは、ウナギが祖先から受け継いできた自身の起源についての知識を、本能を超える別の何かとして描き出した。その著書『潮風の下で』の中には、秋がめぐってきたとき、立派に成長し、性的にも成熟したウナギの中に、ふいに「暖かく暗い場所へのかすかな欲望が」湧《わ》いてくる様子や、「もろもろの海を思い出させるものを超えて」湖や川でずっとくらしてきたウナギが、未知の外海に泳ぎだし、「それぞれが生命の営みをはじめたころには知っていたはずの、壮大な海の不思議なリズムを」、どこか馴染《なじ》みのある、よく知っている自分の場所のように感じる姿が描かれている。

ウナギは、自分の起源であり、今は自分が向かっているその場所を、覚えているのだろうか？　小さくて透明な、柳の葉のような姿で初めて大西洋を渡ってきたときのことを、ウナギは覚えているのだろうか？　答えはノーだ。人間でいうところの意識、という意味では。人間が定義する記憶、という意味では。しかし、放流した七〇〇匹のウナギのうち、サルガッソー海をめざす旅を多少なりとも成し遂げた個体の行動を追跡調査したヨーロッパの研究チームも、生まれた場所へ戻る道をウナギがどのように見つけたのかを説明する際に、ウナギの過去の経験を一種の記憶のようなものと見なして次のように報告している。「ウナギは、まるで昔嗅《か》いだ匂いを手がかりに産卵場を見つけたかのようであり、あるいは、レプトセファルス幼生期に学習し、または刷り込まれた海の刺激を頼りに、ゆくべき方向を見定めたかのようであった」

というのも、研究結果が何よりもはっきり示していたのは、遠くまで泳いだウナギほど、来たときと同じルートで産卵場を目指すことが多い、ということだったからだ。

つまり、遠くまで泳ぎ進んだウナギほど、メキシコ湾流と北大西洋海流に逆行して進むことが多かった。まるで、小さくて透明な柳の葉のような幼生時代に、サルガッソー海からヨーロッパ大陸へと旅したときの記憶が、そのときの地図が、脳裏にしっかりと焼きついていて、その記憶は、何度変態を繰り返しても、一〇年、二〇年、三〇年、あるいは五〇年を経ても色褪せず、その同じ旅の行程を、かつて彼らをいやおうなしにヨーロッパへと押し流した力強い海流にあらがって進むその日が来るまで、ずっと変わらずウナギの中に残っていたかのようだった。

＊

こうしてついに、銀ウナギはその誕生の地であるサルガッソー海に再び戻り、それと同時に、人間の視界からも理解からも消え去ってしまう。これまでにサルガッソー海でウナギの成体を見たものは一人もいない。

しかし、見つける努力は行なわれた。二〇世紀のはじめにヨハネス・シュミットが長い年月をかけて行なった調査遠征のあと、再びサルガッソー海にウナギを探す遠征隊が派遣されるまでにはしばらく時間がかかった。シュミットの調査結果にそれだけの説得力があった、とも考えられるが、むしろ、調査結果がそこまで人々を落胆させたというほうが当たっているかもしれない。それでもここ数十年間は、サルガッソー海への調査船の往来は増加しており、世界的に有名なウナギの専門家が乗り組む遠征隊も多い。彼らの目的は、ウナギの回遊や生殖についてより深く知り、現存する理論を検証して追認したり、反証を挙げて反論したりすることだが、もう一つの目的は、誰もまだ見つけていないものを見つけることだ。それはサルガッソー海に生息する生きたウナギである。

　ドイツの海洋生物学者、フリードリッヒ・ウィルヘルム・テッシュは、一九七九年に、二隻《せき》のドイツ船から成る大掛かりな調査遠征に出発し、その最終的な調査結果は、『サルガッソー海調査遠征隊・一九七九年』としてまとめられ、しばしば引用されている。この調査遠征は同年の春に、ウナギの産卵場とされる海域の大半をめぐって行なわれた。テッシュは、ウナギの産卵場と考えられているまさにその場所で、捕獲網と底引き網を用いた調査を実施することに成功した。シュミットと同じように、テッシュも小さなレプトセファルス幼生を大量に捕獲したが、それ以外には、ウナギの存在を示唆するものは何も見つからなかった。たとえば、七千個の魚卵を収集したが、詳しい検査の結果、その中にウナギの卵は一つもないことが判明した。成熟した繁殖期のウナギが一匹も見つからなかったのは言うまでもない。

アメリカの海洋生物学者、ジェイムズ・マクリーヴは、三〇年以上にわたって世界のウナギ研究を牽引《けんいん》してきた人物の一人だが、一九七四年に誰あろう、前出のフリードリッヒ・ヴィルヘルム・テッシュとともに初の海洋調査遠征に出かけ、一九八一年にははじめてサルガッソー海での調査を行なっている。その後、マクリーヴが率いる遠征隊は、さらに七回にわたってサルガッソー海に通い、さまざまな種類の高性能の装置を駆使して、ウナギの姿を何とかひと目見ようとした。マクリーヴは、暖流と寒流がぶつかる場所——いわゆる潮目——がウナギの繁殖に絶好の条件を備えていると考えていた。じっさいマクリーヴは、そのような場所でもっとも小さいレプトセファルス幼生を捕まえており、彼がウナギの成体を熱心に探していたのも、やはりその潮目だった。ジェイムズ・マクリーヴは、潮目と呼ばれるそうした場所を、深海で産卵中のウナギを超音波の反射音で感知する高性能の探知装置を搭載した船で何度も行き来した。そしてじっさいに、産卵する生きたウナギのものと思われる反射音の録音に成功した。ところが、何度そのウナギを捕獲しようと試みても、引き上げた網は空っぽだった。

海洋生物学者仲間のゲイル・ウィッペルハウザーとともに乗り組んだある調査遠征では、マクリーヴは用心深いウナギを深海からおびき寄せるために、悪意さえ感じられる一計を講じた。研究チームは十分成長したメスのアメリカウナギを大量に捕獲し、ホルモンを注射して性的に成熟させた。そのウナギを調査船に積み込み、浮標にしっかり結びつけたカゴに入れて、サルガッソー海の潮目で海中に降ろす、という計画だった。メスのウナギは、繁殖のためにやってきたオスのウナギをおびき寄せるためのいわばおとりで、そうやって彼らを隠れ家から無理やり引っ張り出そうという算段だった。

しかし、ウナギはそうやすやすと計画に乗ってくれなかった。調査チームは性的に成熟させたメスのウナギを研究室で保管したあと、調査隊の出発日に間に合うようにマイアミの埠頭《ふとう》に車で運んだが、船が出港する前に、ウナギの大半が死んでしまった。そして調査船がサルガッソー海に着いたときには、一〇〇匹いたメスのウナギのうち、生きていたのは五匹だけだった。

それでも、生き残った五匹のメスウナギはカゴに入れられ、浮標に結びつけられて海中に降ろされた。マクリーヴとウィッペルハウザーは、レーダーの助けを借り、交代で、浮標に何か動きがないか二四時間体制で見守り続けた。ところが、どういうわけかウナギはまんまと彼らの前から姿をくらました。ウナギもカゴも浮標も、跡形もなく消えてしまい、二度と見つからなかった。

ゲイル・ウイッペルハウザーが、ジェイムズ・マクリーヴ抜きで行なった別の調査遠征では、探知装置が、産卵するウナギの群れのものに違いない、と思われる反射音を捉《とら》えた。調査隊は、利用できるすべての手段を投入し、網を六つも海に沈めた。しかし一匹のウナギも見つからなかった。

そしてもちろん、もう一つ奇妙なのは、サルガッソー海で見つからないのは、生きているウナギだけではない、ということだ。サルガッソー海では、死《し》骸《がい》としてであれ、より大きな捕食者の犠牲者としてであれ、死んだウナギも一匹も見つかっていない。胃袋に銀ウナギが入った状態のメカジキやサメが捕獲されたことはあるが、それはサルガッソー海の近辺ではなかった。アゾレス諸島の沖合で捕獲された一頭のマッコウクジラの胃袋から産卵に向かう途中のウナギが検出されたことはあるが、アゾレス諸島はサルガッソー海からはかなり離れている。産卵場に到着したウナギは、生きていようが死んでいようが、例外なく人間の前から姿をくらましてしまう。

サルガッソー海で成熟したウナギを見つけることの重要性をめぐっては、じつはさまざまな意見がある。すでにサルガッソー海がウナギの目的地だとわかっているのだから、そこでウナギが見つかるかどうかはどうでもいいことだ、と考えている研究者もいる。一方で、産卵場でウナギの成体が見つかるまでは、人類がウナギの生活史を完全に理解できたとは言えない、と主張する研究者もいる。彼らのような研究者にとっては、ぬらりくらりと追跡をかわすウナギは、いわば科学の世界の聖杯なのだ。

ここ数十年間に、ジェイムズ・マクリーヴをはじめとする何人かの研究者たちが、新たな難問を投げかけ始めている。すべての銀ウナギが生まれ故郷に戻るまでを追跡できないのなら、そしてじっさい、追跡できたウナギは一匹もいないのなら、ウナギの産卵場はサルガッソー海だけだとどうして言い切れるのだろう？　と。たしかに、ヨハネス・シュミットは、二〇年近い調査の結果、サルガッソー海で、もっとも小さい柳の葉型の幼生を見つけたが、彼は世界中の海のほんの一部を調べたに過ぎない。シュミット自身も、ウナギの幼生を求めて世界中の海底をトロール網でさらえない限り、ウナギの産卵の場所について、少なくともすべてのウナギがどこで産卵しているかについて、断言することはできない、と一九二二年に書き記している。事実、それ以降のウナギの産卵場の調査遠征隊はすべて（ジェイムズ・マクリーヴのものも含めて）、すでにウナギの産卵場としてよく知られていたサルガッソー海周辺に照準を定めている。しかしひょっとすると、まったく別のどこかへ行ったきり消息を絶ってしまうウナギがいるのではないだろうか？　それはありそうにないけれど、どうすればそれを確かめることができるのだろう？

しかも、サルガッソー海は広大だ。サルガッソー海は巨大な一つの産卵場なのか？それともそこは、いくつもの異なる産卵場の集合体なのか？　アメリカウナギとヨーロッパウナギは、まったく同じ場所で産卵するのか？　あるいはそれぞれ好む場所は別なのか？　フリードリッヒ・ウィルヘルム・テッシュをはじめとする一部の研究者は、アメリカウナギはサルガッソー海の西側で産卵し、ヨーロッパウナギはもっと東寄りで産卵するが、二つの産卵場は部分的に重なっている、と考えていた。収集されたレプトセファルス幼生についてのデータはそのような結論を支持しない、と反論する研究者もいた。今、確実にわかっているのは、小さくて透明な柳の葉のような幼生がサルガッソー海を出発するときには、ヨーロッパウナギとアメリカウナギの幼生は入り混じり、強い潮の流れになすすべもなく流されていくこと、そしてそのとき、彼らの両親は、おそらくその場に残り、死に、腐敗していく、ということだけなのだ。

＊

というわけで、今もなお、世界屈指の動物学者や海洋生物学者たちが、つまりウナギのことを誰よりもよく知っている人々が、自分たちの調査結果やその報告書に、控えめな表現を使うことを余儀なくされている。「……であると思われる」と彼らは言わざるをえない。「観察データは……を示唆している」、「……だと仮定できる」と。彼らは、より可能性の低い科学的モデルを慎重に排除していくことによって、よりありそうな可能性を探り出し、結果的に真実に近づこうとしている。

たとえば、ヨーロッパウナギと近縁の関係にあるニホンウナギについてわかっていることは、ヨーロッパウナギにも当てはまる可能性がある。そして、ニホンウナギに関しては、ウナギの謎の代表的なもののいくつかが、じつはもはや謎と呼べるほどのものではなくなっている。

ニホンウナギ、Anguilla japonica の外観は、ヨーロッパ産の仲間と基本的にそっくりだ。生活史もとてもよく似ている。海で孵化《ふか》して、柳の葉に似た幼生期に海流にのって大陸沿岸部に流れ着く。そこでシラスウナギに変態し、日本や中国、韓国、台湾の川を遡上《そじょう》する。さらに黄ウナギに姿を変えて、その後何年間も淡水で暮らしたあと、銀ウナギとなって再び海へ戻り、そこで産卵して死んでしまう。特に日本では、ウナギは非常に人気のある食材で、また東アジアの文化や神話の世界では、高い生殖能力の象徴として昔から重要な役割を果たしてきた。

生殖に関する疑問——どこで、どんなふうに行なわれるのか——については、ヨーロッパウナギよりもニホンウナギのほうが、ずっと長い間、より大きな謎に包まれていた。研究者らによって産卵場が特定されたのは、ようやく一九九一年になってからだった。日本の海洋生物学者、塚本勝巳《かつみ》が、ヨハネス・シュミットと同様の熱意と方法を用いて、ただしシュミットほどの年月はかけずに、底引き網とさまざまな器具を装備した調査船に乗り込み、より小さなレプトセファルス幼生を求めて外海を巡った。そして一九九一年のある夏の夜、彼はついに、生後二週間程度の幼生の捕獲に成功したのである。そこは太平洋沖合の、マリアナ諸島の西側の海域であった。

　この成功のあと、さらに世間を驚かせる発見がなされるまでにはそれほど長くかからなかった。二〇〇八年の秋、東京大学海洋研究所の研究チームが、過去の調査から産卵場だとされていたマリアナ諸島のまさに西側の海域で、ついにニホンウナギの成体の捕獲に成功した。捕獲されたのはオスが一匹とメスが二匹だった。三匹ともすでに生殖活動を終えて衰弱していた。そして間もなく死んでしまった。とはいえこれは、多くの研究者が探し求める聖杯のアジア版が、長い努力の末にようやく見つかった、ということだった。

　しかしそれにどんな意味があったのだろう？　少なくとも、当時の遠征調査隊のメンバーの一人であるマイケル・ミラーは、じっさいのところは何の意味もなかった、と言う。この発見は、人類がまだ知らない何かを証明するものではなかった。人類は、ウナギが産卵する場所がだいたいどの辺りかを知っている。しかし今もなお、それが正確にはどこなのか知らず、ウナギがどのようにそこにたどり着き、あるいは群れのうち、どのくらいの割合のウナギがその旅を成し遂げるのかも知らない。ウナギの生殖の様子はいまだかつて観察されていない。私たちは「なぜ」を明らかにすることができない。なぜなぜなぜなぜ？　を。

*

謎には人を魅了する力があるが、永遠と思われていたウナギの謎も、ついに解き明かされる日が近いことを示唆する、いくつかの事実がある。日本の研究者たちは、太平洋で生殖直後の銀ウナギを発見しただけでなく、ヨーロッパウナギやアメリカウナギではこれまで誰も成功していないことを成し遂げた。捕獲したニホンウナギ、Anguilla japonica の人工孵化に成功したのである。早くも一九七三年に、北海道大学の研究チームが性的に成熟したメスのウナギ卵子を採取し、人工授精を行なったのち、幼生を孵化させた。彼らの主たる関心事は、絶滅が危ぶまれるウナギの将来ではなかった。これは、より狭い、経済的動機に基づく投機的事業であった。日本では、ウナギは食材として幅広い人気があり、数百万ドル規模の産業の対象となるものなのだ。

たとえば、サケと同じように養殖することができれば、僅《わず》かなコストでずっと多くのウナギを育てることができる。それゆえに、養殖を可能にするための研究に、市場は多額の研究資金をつぎ込むことを惜しまないのだ。

しかし、案の定、ウナギのほうは研究にそれほど協力的ではなかった。北海道大学が人工的な孵化に成功して世間をあっと言わせた小さな柳の葉のような幼生たちは、孵化後、水槽の中には海流がないことに気づく間もなく死んでしまった。人工的に孵化したレプトセファルス幼生は、ただ単に食べなかった。日本の研究者たちが、その小さく透明な生き物に何を与えても無駄だった。柳の葉のような幼生はひたすらハンストを続け、一匹残らず死んでしまった。

その後何年間にもわたって、人工的に孵化した幼生がすべて短命に終わってしまうのを繰り返し見続けた日本の研究チームは、孵化したばかりのウナギの幼生を生きながらえさせる方法を懸命に模索した。幼生は何を食べるのか？　誰も知らなかった。自然界のウナギの食性はいまだかつて観察されたことがなかった。幼生にさまざまな食物が与えられた。プランクトン、他の魚の魚卵、輪形動物、タコの切り身、クラゲ、エビ、二枚貝。何を与えても、小さな幼生は頑《かたく》なに食べることを拒み、予想通り、孵化から間もなく死んでしまった。

幼生が食べられる餌の開発に成功するまでには、三〇年近くかかった。それは、フリーズドライ処理を施したサメの卵を粉末状にしたものだった。二〇〇一年、研究チームはこの餌を使って、数匹の幼生を一八日間生きながらえさせることに成功した。これは驚くべき新記録ではあったが、もちろん、彼らが目標とする、飼育下において、透明な柳の葉のような幼生を、食材となりうるウナギの成体にまで成長させる方法を見つけられるまでには遠い道のりが残されていた。

さらに、ウナギには別の難しさもあった。研究チームはウナギに餌を食べさせることに成功したものの――餌の成分配合はその後長い年月をかけて改良され、ついにはシラスウナギまで成長する個体が現れた――相変わらず、多くの幼生が、人工孵化後数日以内に死んでしまった。幼生の、孵化後五〇日間生存率は四パーセントに過ぎず、孵化後一〇〇日間生存率は一パーセントだった。シラスウナギに変態できるだけの大きさまで成長した幼生の割合はゼロに近かった。

そのうえ、飼育下のウナギの行動は、海という自然環境下にあるウナギとは違っていた。捕獲されたメスのウナギは、飼育下では自然環境下に比べて産卵する卵の数がずっと少なかった。また、研究室で孵化したウナギはすべてオスであることが間もなく明らかになった。その理由は誰にもわからなかったが、この問題を解決するために、シラスウナギにエストロゲンを注射して、人工的にメス化させた。こうして二〇一〇年、研究室で生まれたウナギを産卵させ、その後レプトセファルス幼生を孵化させたことにより、日本の研究チームは、人工孵化したウナギの生活史を完成させることにはじめて成功したのである。しかし、成長を早めるために投与されたホルモンが、稚魚の著しい奇形を誘発した。人工孵化した幼生は、海で捕獲される天然の幼生とは似ても似つかない、頭部が奇妙に歪《ゆが》んだ姿をしており、しかも泳げなかった。まるでウナギが、自分たちの創造に介入することは断じて許さない、と拒絶しているかのようだった。あたかも、ウナギの存続は自分たちウナギだけの問題だ、と言わんばかりに。

　本書執筆時点では、多くの研究者たちが、ウナギを完全養殖するための適切な方法——そんなものが存在すればの話だが——を懸命に模索しており、その発見は、日本のウナギ産業ばかりか、さらには世界のウナギの存続にとっても重要な意味をもっている。今はまだ成功は遠い先の話だ。けれども、毎年のように新しい技術が開発され、新たな科学的洞察や方法が生まれていて、ウナギを理解することに深い関心をもつあらゆる人にとって——さまざまな問題点があることは明白であるにもかかわらず——希望がもてるだけの十分な理由がある。ことによると、それほど遠くない将来に、銀ウナギが産卵場であるサルガッソー海にたどり着くまでを追跡できる、小型で軽量の追跡装置が開発されるかもしれない。それができたら、生殖が行なわれるより正確な場所を、地図上で示せるかもしれない。そして十分な数のデータが集まれば、産卵場が複数あるという説を追認するなり、否定するなりできるようになるだろう。その頃には、ひょっとすると、誕生の地を目指すウナギの旅を何が阻《はば》んだり妨げたりしているかについても、今よりよくわかっているかもしれない。そしてそれについて何らかの対策さえも講じることができるかもしれない。もしかすると、ヨーロッパやアメリカの研究者も、日本の研究者たちのように、飼育下にあるヨーロッパウナギやアメリカウナギの卵を受精させ、孵化させることに成功するかもしれない。そしていつの日か、そんなふうに養殖によって生産されたウナギの生存率が上がり、食用に適するほど健康に大きく育つかもしれない。あるいは、もちろん、自然界に放流できるかもしれない。

楽観的な科学者は、それは時間の問題だと言うだろう。目標を見定める強い意志と十分な時間があれば、科学はあらゆる謎《なぞ》を解き明かす道を見いだせるものだから。ウナギの謎は、姿をさまざまに変えながら、何千年にもわたって続いてきたけれど、過去の経験が、遅かれ早かれ、答えは見つかる、と告げている。あとは十分な時間さえあればいい。
しかし問題は、その時間がもうあまり残されていない、ということなのだ。

16

愚か者になる

芝生の上に立つ祖母のナナの姿をよく覚えている。うつむき加減で、両腕を前に差し出していた。その手には、すぐそばのリンゴの木から折り取った一本の枝がしっかりと握られている。僕が占い棒を見たのは、あのときが初めてだった。

祖母は、リンゴの木を離れて芝生の上をゆっくりと歩き出し、左を向いたり右を向いたりしながら、注意深く進んでいった。まるで一歩一歩が、未知の世界への入り口につながっているかのようだった。その目はうつろで、僕たちがそばで見ていることにも気がついていないようだった。

とそのとき、祖母が立ち止まり、その両腕が強い力で芝生のほうへ引き寄せられた。占い棒が、猛烈な力で乱暴に祖母の両腕を引っ張っているようにみえた。棒はそれを握りしめている祖母の両手から、無理やり逃れようとしているみたいだった。ナナは目を上げて僕たちのほうを見ると、声を上げて笑いながら言った。「どうしてこうなるのかわからない。わざとやってるんじゃないのよ。知らない間に歩いてるの」

父さんはやれやれ、というふうに首を振ってから祖母のところまで行くと、彼女がもっている枝に片手を添えた。そのまま、ふたりで一緒に棒を握ったまま、並んで、芝生の上を円を描くようにしてゆっくりと歩いて行った。まるで、スローテンポの奇妙なダンスを見ているようだった。さっき祖母が引き寄せられた場所まで行くと、ふたりは立ち止まり、するとナナの両腕はまたもや激しい力で下向きに引っ張られた。父さんは僕のほうを見て、さっきの祖母と同じように笑い出した。その間も占い棒はまだ動いていた。

「枝をもぎ取られそうだ」と父さんは言った。

父さんが枝から手を離すと、祖母の手も動かなくなった。祖母は枝を目の前にかざして、不思議そうに見つめた。

「どう説明すればいいかわからない。でも感じるのよ。枝が勝手に引っ張っていくの」

「俺にはよくわからんな」と父さんは答えた。

ある夜のこと、父さんは、釣り道具を入れたバケツを川べりで下ろすと、柳の木から先が二股《ふたまた》に分かれた枝を折り取った。小枝と葉をすべて取り払って裸にすると、それを目の前に掲げてこう言った。

「やってみようか？」

僕はうなずき、オレンジ色のウェーダーと大きくて分厚いウェリントンブーツ姿の父さんが、ゆっくりと歩いていく姿を少し不安な気持ちで眺めていた。父さんは、川沿いに伸びている固い草の間を、ちょっとガニまたぎみの、慎重な足取りで進んでいった。こちらを振り返って僕を見た父さんの姿は、沈む夕日を背に受けて輪郭だけとなって浮かび上がった。父さんが、ためらいがちな、渋々と言ってもいいほどの様子で握りしめた柳の枝を前方に差し出すのが見えた。まるで、自分でも知りたいのかどうかよくわからないもののほうへと、その枝につれて行かれようとしているみたいだった。結局何も起こらないまま、歩いて僕がいるところまで戻ってくると、父さんは立ち止まり、枝を投げ捨てて、残念そうに頭を振った。

「だめだ、何も起こらない。俺にはその手の才能がないらしい」

そのとき、父さんも僕も知らなかったのは、占い棒がなぜ動くかは簡単に説明できる、ということだった。じっさいそのしくみは、一五〇年以上前からよく知られている。占い棒に、地下の水脈や油田、あるいは鉱物などの位置を特定する能力があるかどうかを検証しようと、数え切れないほど多くの科学的実験が行なわれてきた。そしてそのほぼすべてが、占い棒にそのような効果はないことを証明した。木の枝には、地下に何が存在し、何が存在しないかについての情報を伝える力は一切ない、ということだ。

　そしてそれにもかかわらず、枝は動く。それを握っている人がわざと動かそうとしているわけではなさそうなのに、動くことがある。その理由とされるのが、いわゆる観念運動現象だ。当の本人が意識していないところで、ある種の微細な筋肉運動が起きている。これは意識的な運動ではなく、直感や感覚、あるいは知覚などの表出である。一八五二年にはじめてこの現象を説明したイギリスの生理学者、ウィリアム・B・カーペンターの名を冠してカーペンター効果と呼ばれることもあるが、たとえばウィジャ盤での心霊占いでプランシェットが動くのとまったく同じ現象だ。

　つまり、占い棒を握っている人自身が、微小でほとんど気づかれないほどの筋肉の動きを介して、無意識のうちに棒が地面のある場所を打つように仕向けている。しかしこの現象が生じるためには、棒をもっている人が、自分自身をある特定の場所に導こうとする考えや予《あらかじ》めの意向、あるいは無意識の意思をもっている必要がある。探しているのが水源であれ鉱物であれ、必ずしも正しい場所とは限らないが、特定のある場所へ。木の枝がその人の両手を地面のある場所に引き寄せたそのとき、人の無意識はそこに何を見つけているのだろう？　なぜ枝を握る手の筋肉は、ある場所では動いて他の場所では動かないのか？

観念運動現象という概念では、もちろんその理由を説明することはできない。微小な感覚印象の働きによるのかもしれない。あるいは、人は無意識のうちに周囲の状況を読み取り、自分でも理解できない結論を下しているのかもしれない。いずれにしても、人はこうした無意識の決断の数々を連綿と下し続けている。

ひょっとすると、結局のところ、単なる偶然のめぐり合わせによって、人は今こそ筋肉を動かすときだと、あるいは今は留まるべきときであり、今は立ち去るべきときであると、決めているだけなのかもしれない。

＊

祖母のナナは神様を信じていた。

「神様はとても大きな方なのよ」と祖母は僕によく言っていた。「お前が知ってる誰よりも大きいの」

「おじいちゃんよりも？」と僕は尋ねた。

「ずっとずっと大きいわ！」

祖母は教会には通っていなかったけれど、神様を信じていた。イエス・キリストを、聖母マリアの無原罪の懐胎を、キリストの復活を信じていた。死後の世界の存在も信じていて、そこで自分の亡《な》くなった両親に会うことができ、いずれは自分より年長の兄姉たちや、夫にも会える、そしていずれは、自分の息子にも会えると信じていた。ナナはまた、ノーム（醜い老人の姿をした地の精）の存在も信じていた。メイドの仕事をしていた一五歳ぐらいのときに、一度ノームを見たことがあったのだ。ある夜遅く、砂利敷の並木道を歩いていると、ふいにそれが現れて、彼女と並んで道端を歩きはじめた。ノームだった。服装は灰色一色。背丈はわずか九〇センチほど。一緒にいた友人にもその姿は見えていた。しばらくの間、その小さな生き物はふたりと並んで歩いていたが、ふっと姿を消してしまった。

僕は神様を信じていなかった。教区教会の子ども会に行ってみたけれど、じっと座っていられないという理由で参加を断られた。教会学校に通っていたときには、手を挙げて「一体誰が、この世界の全部をつくったんですか？」と司祭に質問する子どもだった。

父さんもまた神様を信じてはいなかった。学校に通い、歴代のスウェーデン王やキリスト教の福音について学んだけれど、権威的なものはずっと苦手だった。父さんはノームも神様も信じていなかった。

でもウナギに関してだけは、神秘的なものを疑う僕たちの気持ちも揺らいでいた。

ある朝、はえなわを調べに行ってみると、獲物がたったの一匹だったことがあった。でもかなり大きめの、九〇〇グラム近くある、灰色がかった黄色の、短頭のウナギだった。僕たちはいつものように、ウナギをガレージの中の水を張ったバケツに入れておいた。

その午後、バケツの水を換えに行ってみると、ウナギがいなくなっていた。背の高い透明のバケツには、縁から二五センチくらいのところまで水が入っていた。僕が最後に見に来たときには、ウナギはバケツの底近くでじっとしていて、エラだけが静かに動いていた。そのウナギが姿を消してしまった。バケツは傾いておらず、水もいっぱいなのに、ウナギはどこにもいなかった。

どう考えればいいのかわからなかった。最初は、ウナギが自力でバケツから這《は》い出して、ずるずる滑って逃げて行ったのだろうかと思った。でもガレージの扉は閉まったままで、ウナギが逃げた形跡もなかった。ウナギは跡形もなく消えてしまったようだった。もしかすると、父さんがもう捌《さば》いてしまったのだろうか？　僕抜きで？　それはなさそうだったけれど、その日、父さんは一日中留守の予定だった。もしかすると、やっぱり父さんは、出かける前にウナギを捌いて行ったのかもしれなかった。

その夜、父さんが帰ってくると、僕は車のところまで迎えに行った。

「ウナギを持っていった？」

「ウナギ？　バケツの中にいるだろう？」

「ううん、いなくなったんだ。きっと誰かが持っていったんだ」

父さんは僕と一緒にガレージに向かい、しばらくの間、ふたりで空っぽのバケツを見つめていた。たしかにいなくなってる、と父さんは認めた。

「しかし、誰かが持っていくとは思えない」と父さんは否定し「ウナギを盗んでいくなんて妙だ。きっと逃げ出したんだろう。どこかそのへんに居るに違いない」と続けた。

僕たちはガレージじゅうを探し回った。ガレージは埃《ほこり》だらけで、物で溢《あふ》れていた。木の板、脚立《きゃたつ》、大工道具、プラスチックのカゴ、シャベル、干し草用フォーク、トンボ、バケツ、ジャガイモ運搬用の木枠、それに魚釣り道具。僕たちは、置いてあるものをすべて退《の》けて、隅から隅まで探し回った。

そしてとうとう、ガレージの隅のウェリントンブーツの陰にいたウナギを見つけた。

ウナギは埃と砂利にまみれて横たわり、まったく動かなかった。僕はウナギを拾い上げた。その体は冷たくグニャグニャで、皮膚は砂利に傷つけられ、乾いていた。ウナギはまるで汚れた靴下のように、僕の手から垂れ下がっていた。その目は無表情で生気がなかった。

　ウナギは明らかに死んでいた。少なくとも五、六時間、ことによるともっと長い間、水から出ていたのだから。

「バケツに戻しておきなさい。あとでよく調べてみるから」と父さんが言った。

　僕は、水の中にウナギを戻して、しばらく様子を見ていた。最初、ウナギは白い腹を上にして水面に浮かんでいた。しかしふいに、ウナギは腹を下に向けた。体をくねらせ、頭を左右に振ったと思うと、エラを閉じたり、開いたりしながら、ゆっくり、ゆっくり、バケツの内側を泳いで回りはじめた。

　それは、前にも見たことがある光景だった。ある朝、まだ暗いうちに川べりに行ったときのことだ。僕たちは足を踏みしめるようにして土手を下りて、小さな岩棚に設置したはえなわの様子を見に行った。岩棚は水面から九〇センチほど高くなっていた。見ると、岩棚の端に引っかかるように伸びた釣り糸からウナギがぶら下がっていた。ウナギは水中ではなく空中にいた。頭ははえなわとほぼ同じくらいの高さ、しっぽの先は水面まであと三センチから五センチくらいのところにあった。
ウナギは、餌《えさ》を捕まえると体軸を中心にぐるぐると激しく回転することがある、と聞いたことがあった。どうやらそのウナギは、勢いよく回転しすぎて釣り糸が体に絡《から》みつき、そのまま水の上まで巻き上げられて、空中に宙吊《ちゅうづ》りになってしまったようだった。

　ウナギは身動きもせずにそこにぶら下がり、頭は片側にだらりと垂れていた。僕はウナギを引き上げてみた。太いナイロンでできた何メートルもの釣り糸が、ウナギの体にしっかりと巻きついていた。糸が皮膚に食い込んで、体中に血がにじむ筋状の傷がついているのが、まるで鞭《むち》で打たれたあとみたいだった。僕はそっと釣り糸をはずしてやってから、ウナギを手で持ってみた。ぐったりと重く、死んでいるようだった。僕はウナギをバケツに入れて、腹を上にして浮かぶその姿を眺めていた。そのまま一〇秒が過ぎ、二〇秒が過ぎたそのとき、ウナギはゆっくりと向きを変えて腹を下に向け、バケツの内側に沿って泳ぎはじめた。

*

　ときには、何を信じるかを自分で選ばなくてはならないことがある。そして、記憶の限りでは、僕はずっと実証可能だとされていることを、宗教よりも科学を、超自然的なものごとより合理的なことがらを、信じようとするタイプの人間だった。ところが、ウナギがそれを困難にした。ウナギが死んで、再び生き返るのを目《ま》の当たりにしてしまったら、誰だって合理的な説明だけでそれを片付けられない。おおかたは理屈で説明がつく。酸素処理や代謝の方法の違いやウナギの体を守っている分泌物《ぶんぴつぶつ》、あるいは非常に適応力の高いエラが原因ではないかと考えることはできる。しかしその一方で、僕はそれをこの目で見たのだ。僕は証人だ。ウナギは死んでから再び生き返ることができる、ということの。

「妙な生き物だな、ウナギってやつは」と父さんはよく言っていた。そしてそう言うとき、父さんはいつもちょっと嬉《うれ》しそうだった。父さんはまるで、謎めいたものを必要としているみたいに見えた。謎が、父さんのなかの空洞のようなものを埋めてくれるようだった。そして僕もまた、進んで謎に魅了されていた。人は、その人にとって必要なときに、自分が何を信じたいかに気づくものだから。僕たちにはウナギが必要だった。もしもウナギがいなければ、僕と父さんの関係は違ったものになっていただろう。

それからずっとあとになって、聖書を読んだときに、僕は、これこそ人の心に信仰心が芽生える仕組みであることに、ようやく気がついた。信仰とは、言葉では説明できない、理解を超えた謎に近づくことだ。何かを信じるためには、理屈や理性をある程度捨て去る必要がある。コリントの信徒への手紙一で、パウロも次のように述べている。「それは、あなたがたが人の知恵によってではなく、神の力によって信じるようになるためでした」（コリントの信徒への手紙一。2：5）。言いかえれば、神を信じる人は、知的な思考を捨て去り、理性的な議論や自然科学、あるいは顕微鏡の下に現れる真実によってではなく、感情だけで信じなくてはいけない、ということだ。「もし、あなたがたのだれかが、自分はこの世で知恵のある者だと考えているなら、本当に知恵のある者となるために愚かな者になりなさい」（コリントの信徒への手紙一。3：18）とパウロは書いた。信仰を求める者はみな、あえて愚か者になる必要がある、ということだ。

　愚か者だけが奇跡を信じることができる。恐ろしいけれど、心惹《こころひ》かれる言葉だ。イエスが湖の上を歩いて弟子たちのところへ向かうとき、舟に乗っている弟子たちは最初はおびえる。幽霊だと思ったからだ。しかしイエスはこう話しかける。「安心しなさい。わたしだ。恐れることはない」（マタイによる福音書。14：27）。するとペトロが、思い切って水の上を歩いてイエスのところに行くと言い出す。ペトロの足がボートの縁を越えて水面に踏み出されたその最初の一歩が、すべてのはじまりとなる。馴染みのあるものが、馴染みのないものと出会う。知っていると思っていたものが、まったく別の何かであることが明らかになる。そして彼はそれを信じることを決める。イエスが舟のところまで来ると使徒たちはみなひざまずき「本当に、あなたは神の子です」（マタイによる福音書。14：33）と言う。

イエスと弟子たちがガリラヤ湖を舟でわたろうとすると、激しい突風が起こり、怯《おび》えた弟子たちは艫《とも》のほうで眠っているイエスを起こして助けを求める。イエスが風を叱《しか》り、「黙れ。静まれ」と言うと、風はたちまちやんでしまう。「なぜ怖がるのか。まだ信じないのか」とイエスは嘲《あざけ》りさえ込めて、責めるように言う（マルコによる福音書。4：35〜）。

僕はこれまで、どんな宗教の奇跡も信じる気になれなかったけれど、信じることと引き換えに恐れを手放したいと望む人の気持ちはわかる。馴染みのない何かや、恐ろしい出来事に遭遇した人が、その不安がずっと続くことより、奇跡を信じることを選ぶ心理は理解できる。それはとても人間らしいことだ。信仰とは何かに心を預けることだ。比喩《ひゆ》的な言葉によってのみ説明できる何かに。

そして、キリスト教の信者に約束されていることは、愚か者になる勇気をもつあらゆる人を待ち受けているのは、最高に素晴らしい約束だ。「わたしを信じる者は、死んでも生きる。生きていてわたしを信じる者はだれも、決して死ぬことはない」（ヨハネによる福音書。11：25〜26）と聖書にも書かれている。

イエスは弟子たちに永遠の命を約束した。だからこそ、キリスト教におけるもっとも重要な奇跡は、イエスの復活なのだ。イエスが死んで、再び生き返ったことは、キリスト教の教えの核心をなす。それがなければ、信仰は意味のないものになる。信仰は現世のことだけでは成り立ちえない。現世を超越したものでなくてはならない。パウロはコリントの信徒への手紙のなかでこう述べている。「キリストが復活しなかったのなら、わたしたちの宣教は無駄であるし、あなたがたの信仰も無駄です」（コリントの信徒への手紙一。15：14）

キリストの復活を信じるのは愚か者だけだ。でも僕は、自分が愚か者ならよかったのに、と思うことがときどきあった。そして父さんもきっと同じことを願っていたのではないかと思う。だって復活とは何だろう？　文字通りの意味なら人（あるいはウナギ）は死んでも再び生きることができる、ということだ。しかしパウロは、コリントの信徒に向けた手紙にこうも書いている。「最後の敵として、死が滅ぼされます」（コリントの信徒への手紙一。15：26）。死は避けられないものだが、それにうまく対処する方法はある、とパウロは言っているのだ。さらにパウロは変化について語り、死は終わりではなく、いわばウナギの変態のようなものであると言う。「わたしたちは皆、今とは異なる状態に変えられます。最後のラッパが鳴るとともに、たちまち、一瞬のうちにです。ラッパが鳴ると、死者は復活して朽ちない者とされ、わたしたちは変えられます」（コリントの信徒への手紙一。15：51〜52）。

つまり、人は（あるいはウナギは）、死ぬとまたたく間に別の何かに変えられ、不死の存在として戻ってくることができる。いや、もちろんこれは真実ではない。これは喩《たと》えだ。しかし比喩的な言葉も、もちろんその中に真実を含みうる。奇跡を信じなくても、その奇跡が伝える意味を信じることはできる。愚か者になるのにもさまざまな方法があるのだ。そしてキリストの福音（あるいはウナギの不死）を文字通りの意味で信じなくても、その本質的な意味を信じることはできる。それは、死者は何らかの形でずっと僕たちとともにある、ということだ。

祖母のナナは神様を信じていたけれど、父さんと僕は信じていなかった。それでも、ずっと後になって、ナナが死の床にあったとき、ベッドのわきに座っていた僕に向かって、ナナは泣きながらこう言った。「ずっとお前のそばにいるよ」。僕はもちろん祖母の言葉を信じた。神様を信じていなくても、祖母のその言葉は信じられた。

そしてそれこそが、まさに、イエスが弟子たちに伝えたことだった。「わたしは世の終わりまで、いつもあなたがたと共にいる」（マタイによる福音書。28：20）。死の三日後、弟子たちの前に姿を現したイエスはこう告げる。

そしてそれは、間違いなく、何かを信じる人が、心の内で望んでいることなのだ。信じる相手が神様であっても、ウナギであっても。

17

絶滅の危機に瀕《ひん》するウナギ

最後の敵として、死が滅ぼされる。これは、信じることを選ぶ人だけでなく、知ることを選ぶ人々にとっても真実だ。今もなおウナギを理解しようと努力しているすべての人々に、間違いなく当てはまる言葉だ。

なぜなら、ウナギは絶滅の危機にあるからだ。しかもその時が刻一刻と近づいている。ウナギの個体数がすでに一八世紀から減少し始めていたことを示唆《しさ》するデータがあるが、一八世紀といえば、科学者たちがウナギに本格的に関心をいだきはじめた頃だ。また、ウナギの個体数の減少を示すより信頼できるデータとしては、少なくとも一九五〇年代のものが入手可能だ。そして、ここ数十年間にこの問題は急激に深刻化しているようにみえる。多くの研究報告書が、今の状況は多かれ少なかれ破滅的であるとしている。ウナギは死にかけている。しかもそれは、何度も変態を遂げながら長い年月を生きる生物に訪れる自然な終焉《しゅうえん》、という予定通りの死に方ではない。ウナギは絶滅の危機にある。人類はウナギを失おうとしている。

これが最新の、もっとも切迫したウナギの謎である。「なぜウナギはこの世から姿を消そうとしているのか？」

この問題について考えるに当たって、まずはウナギの絶滅の問題をより大きな文脈で考えてみるのがよさそうだ。生物は変化しうる。これは進化の第一法則である。生命は束《つか》の間《ま》でもある。これは命の第一法則だ。けれども今ウナギやそれ以外の種に起きていることは、その特性においても、規模においても、ごく普通の進化の過程や生命の推移のなかで起きることとはまるで違っている。

レイチェル・カーソンは、そのことに最初に気づいた人物の一人だった。彼女の最後の著書であり、その名を後世にまで伝えることになった作品は『沈黙の春』だ。一九六二年に刊行されたこの本は、人間には、大切にしているはずのものを自ら破壊する力がある、ということについて書かれた、もっとも影響力のある本の一つだった。『沈黙の春』には、ＤＤＴをはじめとするさまざまな合成化学農薬の使用が甚大《じんだい》な被害をもたらすこと、また、それらを田畑や森林に不用意に散布することによって、昆虫だけでなく、その他のあらゆる生物の命を奪う結果になることが書かれていた。鳥、魚、哺乳類《ほにゅうるい》、そしてついには人間の命まで。徹底的な科学的研究と、彼女にしか書けない、心の底からの美しい言葉による表現を組み合わせることにより、カーソンは、問題の大きさを伝え、それがじっさいにどんな意味をもっているかを説明することに成功した。

カーソンが予言したのは、やがて訪れる、身の回りに生物を見ることも、その気配を感じることもなくなる日のことだった。そしてその理由は単に、人間が知覚できる世界から生物が消えてしまったからであり、生物が存在しなくなったからだ。カーソンは物音のしない世界を、昆虫が飛ぶブーンという羽音も鳥のさえずりも聞こえず、魚が川で跳ねることも、夜空を飛び交うコウモリが、月明かりに照らし出されることもない春を予見した。人類の身の回りに当たり前のように存在していた生物の多くが、絶滅へと向かっていることに彼女は気づいていて、それがなぜなのかも知っていた。「自然を征服するのだ、としゃにむに進んできた私たち人間、進んできたあとをふりかえってみれば、見るも無残な破壊のあとばかり。自分たちが住んでいるこの大地をこわしているだけではない。私たちの仲間——いっしょに暮しているほかの生命にも、破壊の鋒先《ほこさき》を向けてきた」。『沈黙の春』にはそう記されている。

自分とは別の存在である動物に感情移入することによって、レイチェル・カーソンは、動物の世界でじっさいに起きていることをより深く理解することができた。そこから、なんとしても動物を救わなければという思いが生まれ、やがてそれは、自分が知っていることを証言することは自身の権利であり、義務でさえあり、しかも時間はもうあまりない、という強い信念と勇気へと変わっていった。一九六二年六月、『沈黙の春』が世界中に波紋を広げていたときに、カーソンはアメリカ上院議会の環境破壊に関する小委員会で証言に立った。冒頭、彼女は次のように語った。「皆さんが議題として選んだこの問題は、我々が生きているうちに解決すべき問題です。この問題解決に向けて、ぜひとも今会期中に動き出すべきだと考えます」。彼女の熱意と性急さは、ただ単に効果を狙《ねら》ったものではなかった。カーソン自身、死を間近に控えていた。『沈黙の春』が出版されたとき、カーソンはすでに乳がんと診断されており、上院議会で証言したときには、がんは肝臓に転移していた。小委員会での証言が、自分の信念を行動で示す最後のチャンスだとカーソンは知っていた――そして彼女は見事にやり遂げた、少なくとも、大きな被害をもたらす殺虫剤に関しては。アメリカでは、一九七二年に農作物に対するＤＤＴの使用が禁止され、それは主として『沈黙の春』の多大な影響力のおかげだった。しかしそのとき、レイチェル・カーソンはすでにこの世にいなかった。一九六四年の四月に、カーソンは五六歳で亡くなった。今や世界中の人々が懸念《けねん》している環境破壊の恐ろしさを、非常に早い時期に警告した彼女の功績は、永遠に消えることはないだろう。

*

地球上に生命が誕生してから三〇億年以上の間に、一種の変態とも呼べる、広範囲にわたる徹底的な変化が何度か生じて、そのたびに、地球上の生命の構成そのものが変わってきた。この五回の大きな変化は非常に網羅的なものであったので、それぞれ名前をつけて分類されている。変化が起きたこの五つの時期は、一般に五回の大量絶滅と呼ばれている。

最初の大量絶滅は、およそ四億五千万年前のオルドビス紀の終末期に始まった。生物のほとんどが海にいた時代である。この時期、大陸移動によって引き起こされた気候の寒冷化のおかげで、およそ一千万年の間に、地球上のすべての種の六〇パーセントから七〇パーセントが絶滅してしまった。

二度目の大量絶滅もまた、地球の破壊的な寒冷化を原因とするもので三億六千四百万年前の出来事だった。最終的にはそのとき地球上で生きていたすべての種の七〇パーセントが姿を消すことになった。

三度目の大量絶滅は、もっとも致命的だった。およそ二億五千万年前の、二畳紀と三畳紀の過渡期に、すべての種の九五パーセント以上が死に絶えてしまった。原因についての統一的見解は存在しないが、もっとも当たっていそうなのは、いくつもの出来事が重なって劇的な気候変動が引き起こされた、という説だ。

四度目の大量絶滅は、三畳紀からジュラ紀にかけての比較的長期間にわたって起きた。およそ二億年前の出来事で、地球上のすべての種の七五パーセントが絶滅した。

五度目の大量絶滅はもっともよく知られている。六千五百万年前に、メキシコのユカタン半島を隕石《いんせき》が直撃したのが原因だと考えられている。その衝撃が、恐竜と、地球上のその他の種の七五パーセントの絶滅の少なくとも一因である、とされている。

地球上の植物相と動物相は、五回どころかもっと度々の大きな変化を経験してきた。そのうちのいくつかは、大量絶滅と同じくらい広範囲にわたるものでもあったが、生命の長い歴史の中で見ると、やはり大量絶滅は希少な現象だといえる。種は死に絶え、動物や植物は来ては去る。しかし、この過程はふつう非常に長い歳月をかけて進むため自然の秩序を根本的に乱すことはない。これは生命のごくあたりまえのあり方だ。大量死ではなく、ときおりの別れがあることは。

それでも多くの研究者たちが、今現在人類が経験しているのはふつうの出来事ではない、我々はすでに六度目の大量絶滅のさなかにあるのではないか、と考えている。二〇〇八年八月、アメリカの生物学者であるデイヴィッド・ウェイクとヴァンス・ヴリーデンバーグが、「我々は六度目の大量絶滅のさなかにいるのか？」と題する論文を書いた。この論文は科学雑誌『米国科学アカデミー紀要』に掲載され、この疑問を呈したのは彼らがはじめてではなかったにもかかわらず、彼らの出した答えに大いに説得力があったため、大量絶滅の危機はもはや仮説ではなく、非常に現実味を帯びたものとして受け止められるようになった。

ウェイクとヴリーデンバーグはとくに両生類とサンショウウオに着目し、ある種の大量絶滅は確実に進行している、と証明することに成功した。地球上に存在していることが知られているおよそ六三〇〇種の両生類のうち、少なくとも三分の一がすでに絶滅しており、この新たな事実は、状況が明らかに急速に悪化していることを示していた。

科学ジャーナリストのエリザベス・コルバートもこの論文を読んだ一人だった。二〇一四年に刊行された彼女の著書『6度目の大絶滅』には、今この瞬間にも起きている潜在的な大絶滅について、現在わかっていることがまとめられている。サンゴのおよそ三分の一の種が絶滅の危機にあること。サメの三分の一、哺乳動物の四分の一、爬虫類《はちゅうるい》の五分の一、そして鳥類の六分の一が同様の危機に瀕している。この絶滅は、過去の五回の大量絶滅ほど広範囲に及ぶことはないかもしれない。しかし、その危険性は高く、急速に差し迫っていて、もはや「ありえない話」ではなくなっている。多くの事実が、今の状況が続けば、地球上に存在する種の数は、今からほんの一〇〇年後には半分になっているだろう、と示唆している。

　これは例外的な速さだ――前回の大量絶滅は何百万年もかけて進んでいった。それが今は何百年単位の話となっている――しかし、今起きている種の絶滅が本当の意味で特殊なのは、歴史上初めて、加害者が生きてこの世界に存在することだ。絶滅を引き起こしている犯人は、空の星でも、大陸移動でも火山の噴火でもない。犯人は生き物だ。この地球上に棲《す》む多くの種のうちの一つが地球を征服し、その過程で、地球上に棲む他のすべての種の大量破壊を引き起こした。その種は、地球の表面だけでなく大気圏までも変えようとした。生命に対して、そこまで大きな影響力を行使しようとした種はいまだかつていない。自分とは異なる生命に対して。あらゆる生命に対して。「ウェイクとヴリーデンバーグが正しいなら」とエリザベス・コルバートは著書に書いている。「現代を生きる私たちは、生命の歴史におけるもっともまれな現象の一つを目にしているばかりか、それを引き起こしている張本人なのだ」と。

＊

しかし、なぜよりによって絶滅の危機にあるのがウナギなのか？　永遠の命をもっているかのように見えるウナギが生き続けられなくなった特別な事情とは？　そもそも、この疑問には論理的な問題がある。前にも述べたが、科学的な疑問に取り組む際に、「なぜ」からはじめることはありえない。科学的思考には順序がある。まず、ある事象がじっさいに起きている、ということを証明する。ウナギは本当に死に絶えようとしているのか？　次に、その事象を観察し、何が起きているかを説明する。ウナギはどんなふうに死に絶えようとしているのか？　それができてはじめて、それはなぜなのか、という疑問に取り組むことができるのである。

しかし、ウナギは本当に絶滅しかけているのか、という疑問に関しては、この方法で取り組むのはちょっと難しいことがわかったのだ。

地球全体の環境保護と生物多様性に関する活動の大部分を統括し、非常に多くの下部組織をもつ組織、国際自然保護連合は、略してＩＵＣＮと呼ばれている。ＩＵＣＮは、世界の動物や植物について、どの種が絶滅の危機に瀕しているかを示す、いわゆるレッドリストを作成し、定期的に更新していることで特によく知られている。レッドリストの狙いは、「地球上の、絶滅の危機にあるさまざまな種に関する、世界的に認められた分類法」を作り上げることだとされている。つまり、ＩＵＣＮの評価基準はある種の世界標準であり、さまざまな生物が地球上でどのように暮らしているかについての、科学的に検証された評価法である、ということだ。

レッドリストは、それぞれの種を定められた基準に従って評価し、もっとも朗報の「低懸念」から、「準絶滅危惧《きぐ》」、「危急」、「危機」、「深刻な危機」、「野生絶滅」、そして最後の、取り返しのつかない事態を宣告する「絶滅」までの多岐にわたる段階に分類している。このリストは、地球上に存在していることが知られているあらゆる生物についての、客観的かつ方法論的に集められた調査一覧であり、つまり藻類や白癬《はくせん》菌から人類に至るまでのすべての生物が、地球上でどのように過ごしているかについての情報を提供するものである。

人類は順調だ。ホモサピエンスについてのＩＵＣＮの直近の評価である二〇〇八年リストには、次のように書かれている。「非常に広範囲に分布し、適応力があり、目下のところ個体数が増えているこの種は、低懸念に分類される」。また次のような記載もある。「人類は、地球上の哺乳類のなかでも、もっとも広範囲に分布し、地球上のあらゆる大陸に生息している（ただし、南極大陸に永住する個体はいない）。少数の人類は宇宙にも行ったことがあり、そこでは国際宇宙ステーションで暮らしている」。ＩＵＣＮの評価によると、今のところ「いかなる保護策も必要としない」。ホモサピエンスは繁栄しているのだ。

一方ウナギは、Anguilla anguilla は、危機に直面している。少なくともそう考えるに足る理由がある。状況からそのように考えられる。言うまでもなく、ウナギに関しては、我々人間は、知っている、と確信をもって言うことはできない。いつものように、ウナギの危機についても条件つきの理解しかできない。というのも、ＩＵＣＮが通常用いている評価基準がウナギには当てはまらないことがわかったからだ。第一の問題は、ウナギの全体的な個体数が正確にわからない、ということだ。個体数は、当然、その種がどの程度絶滅の危機にあるかを決める際の、第一の基準である。しかし、ＩＵＣＮの報告書には、個体数は「生殖可能な個体」、つまり、完全に成長した、性的に成熟した個体の数とすべきであり、従って、「産卵場にいる成熟したウナギ」の個体数を基準に判断することが望ましい、と書かれている。言い換えれば、サルガッソー海にいる銀ウナギの数を数える必要がある、ということだ。しかし、一〇〇年以上前から努力が続けられているにもかかわらず、誰一人として、たった一匹の銀ウナギさえ見つけていないのだから、それが不可能なのは明らかだ。ウナギは、そうやすやすと自分の居場所を人に知らせない。援助の手を差し伸べようとしている人々にさえ姿を見せない。

もしかすると、ヨーロッパ沿岸部から産卵場を目指して出発する成熟した銀ウナギの数を数えることならできるかもしれない。しかしやはり、データが少ないという問題がある。ウナギは、深海にすばやく姿を消してしまう習性をもっているからだ。いずれにせよ、これまでの観察結果は、回遊の旅に出る銀ウナギの数が、過去四五年間に、少なくとも五〇パーセントは減少していることを示唆している。

三番目の選択肢は、ＩＵＣＮが主な評価法として用いているもので、発想の転換をして、サルガッソー海でのウナギの秘密のランデブーの結果を——レイチェル・カーソンが「親ウナギが残した忘れ形見」と呼んだものを評価する方法だ。つまり、春にヨーロッパ沿岸部に現れるシラスウナギの個体数を判断基準とするのである。シラスウナギについては、銀ウナギに比べてずっと多くのことがわかっていて、それらのデータは、ウナギの危機的状況を示唆している。信頼できるすべての数字が、今現在、ヨーロッパ沿岸部に到達するシラスウナギの数は、一九七〇年代の終わり頃のおよそ五パーセントに過ぎないことを示している。私が子どもの頃に毎年川を上ってきた小さなガラス棒のようなシラスウナギが仮りに一〇〇匹だったとすれば、今同じように川を上るシラスウナギはせいぜい五匹程度だということになる。

これが、ＩＵＣＮがヨーロッパウナギ Anguilla anguilla を「深刻な危機」に分類した根拠である。ＩＵＣＮの公式の定義によると、「野生絶滅の非常に高いリスクに直面している」という意味だ。ウナギが置かれているこの状況は、破滅的であると同時に深刻な問題でもある。ウナギは、近い将来、本当に消えてしまうかもしれない。それも我々人間の視界と理解の範囲からだけでなく、我々が暮らすこの世界からも。

*

というわけで、これが最後の疑問となる。ウナギはなぜ絶滅の危機にあるのか？これがウナギの話であることを考えれば、最後の答えが「わからない」であることは驚きに値しない。過去にウナギを理解しようとしたすべての人が同じ問題に直面してきた。それは、つかもうとした手を答えがすり抜けていく、ということだ。はっきりした答えがわからない。部分的にはわかるが、全体はわからない。だからどうしても、科学ではなく、信じることにある程度は頼らざるをえなくなる。

ウナギがなぜ絶滅の危機に瀕しているかを説明する理由はいくつかあって、そのすべてに科学的根拠があるが、原因は本当にそれだけなのかどうか、あるいはそれらがもっとも大きな原因なのかどうかは、誰にもわからない。ウナギの生活史について、まだ謎《なぞ》の部分が残されている限り、ウナギが死に絶えようとしている理由を確信をもって指摘することはできない。ウナギの生殖がどのように行なわれ、行くべき方向をどのように知るのかがはっきりわからないうちは、ウナギの生殖や回遊を妨げているものについて明言することはできない。ウナギを危機から救い出すためには、人類はウナギを理解しなくてはならない。これは、ウナギの窮状に関する最近の調査のほとんどが、強く訴えていることだ。ウナギを救いたければ、もっとウナギを知る必要がある。そのためにはより多くの調査研究とより深い理解が必要で、しかし時間はもうあまりない。

こうして、私たちは大きな矛盾に突き当たっている。ウナギがもつ謎めいた魅力が、今やウナギ自身の最大の敵となってしまったのだ。ウナギがこの窮状を生き延びるためには、人類はウナギをなだめすかして暗がりから引っ張り出し、まだ解き明かされていない疑問の答えを見つけなくてはならない。そしてもちろんそれは、大きな犠牲を伴う。なぜなら、遠い昔からずっと、この世にはウナギの謎めいたところを慈《いつく》しみ、その謎に魅了され、あえてその謎に執着し続けてきた人々がいるからだ。グレアム・スウィフトと彼の作品の語り手であるトム・クリックのように、すべてが解き明かされる世界など、世界の終わりも同然だと考える人々が。

これは、いわば、名作『キャッチ＝22』（ジョーゼフ・ヘラー著、一九六一年）の世界だ。合理的思考をよしとする啓蒙《けいもう》主義の世の中にあって、純粋に神秘的で謎めいたものを失うまいとしてウナギを守ろうとすれば、どう転んでも、何らかの形で何かを失うことになる。ウナギはウナギのままでいることを許されるべきだ、と感じているどんな人も、もはや、ウナギを謎のままにしておく楽しみを享受《きょうじゅ》することはできない。

ウナギの絶滅の危機について、わかっていることが少なくとも一つある。それは、責任は我々人間にある、ということだ。絶滅の原因について、今日までに示された科学的説明はすべて、人間の活動に関連があった。人類がウナギに近づけば近づくほど、そしてウナギが人類の現代的な生活の影響に晒《さら》されれば晒されるほど、ウナギの終焉は早まってしまう。国際海洋探査委員会（ＩＣＥＳ）が二〇一七年にまとめた、ウナギを救うためにやるべきことは、曖昧《あいまい》であると同時にすばらしく明確だった。ウナギに及ぼす人間の活動の影響を、できる限りゼロに近づける、というものだ。今もなお、人類は、ウナギへの脅威のすべてを知っているわけではないが、今わかっていることだけからでも、ウナギを救う唯一《ゆいいつ》の道は十分見えてくる。それは、人類はウナギを放っておくべきだ、ということである。

今わかっていること、とは、たとえばウナギは以前にも増して病気の危険に晒されているということだ。とりわけヘルペスウイルス、anguillae に冒されやすい。この病気は、飼育下にあるニホンウナギの間で最初に発見されたあと、ヨーロッパに持ち込まれて、野生のヨーロッパウナギに広まった。オランダのウナギにこのウイルスへの感染例が見つかったのは一九九六年のことだった。南ドイツでは、検査の結果およそ半数近いウナギがこのウイルスを保有していることがわかっている。

どういうわけか、このウイルスに感染するのはウナギだけのようで――だからこういう名称なのだ――これはまれにみる不快な病でもある。ウイルスは宿主のウナギの体内で長期間潜伏し続けることがあるが、一旦《いったん》発症すると、症状は急激に悪化する。発症したウナギのエラやヒレの周囲には点状出血が生じる。エラの細胞が壊死《えし》して血液が充満した繊条組織が癒着する。内臓の炎症がウナギを疲弊させ不活発にして、ついには水面近くでゆっくりと浮遊するだけになり、やがて体が動かなくなり死んでしまう。

寄生虫、Anguillicoloides crassus に感染することもある。これは線虫の一種だ。これもまた、最初はニホンウナギの感染が発見されたものが、一九八〇年代にヨーロッパに広がった。台湾から輸入された生きたニホンウナギによって運ばれたと考えられている。それからほんの数十年間に、寄生虫はヨーロッパ全域とアメリカにも拡散していった。二〇一三年にサウスカロライナ州で実施された調査によると、シラスウナギ期のウナギの三〇パーセントが、この寄生虫に感染していた。この調査はさらに、捕獲したシラスウナギを別の水域に放流する、ウナギの保護を目的とする善意の試みが、結果的に寄生虫の拡散を早めてしまった可能性を指摘した。

この線虫は回虫の一種で、特にウナギの浮き袋に寄生して、出血や炎症、創傷を引き起こす。この寄生虫に感染したウナギは成長が遅くなり、病気に罹《かか》りやすくなる。水面近くを泳ぐようになり、遊泳能力が低下して短い距離しか泳げなくなる。Anguillicoloides crassus への感染は必ずしも致命的なものではないが、サルガッソー海へたどり着ける見込みはかなり薄くなる。

もう一つわかっているのは、ウナギは水質汚染の影響を非常に受けやすいということだ。長命で食物連鎖の上位に位置するウナギは、工業用水や農業用水に含まれる毒素の影響を特に受けやすい。そして寄生虫同様、どうやら毒素も、ウナギのサルガッソー海への帰郷を妨げる要因となっているようだ。たとえば、ＰＣＢに曝露《ばくろ》したウナギは、心臓の欠陥や浮腫《ふしゅ》、それに脂肪やエネルギーの貯蔵に関する問題を発症することがわかっていて、それらの問題が長い回遊を事実上不可能にしている。また、さまざまな農薬に曝露したウナギについて、淡水から海水への移行がうまくいかないことがわかっている。そして、目に見えている事実から推測すると、産卵場にたどり着ける銀ウナギが減少しているというのが事実なら、水質汚染が少なくとも一つの寄与因子であると考えられる。

証明するのがもっと難しい仮説もある。ウナギが他の捕食者の餌食《えじき》になることが以前より増えていることを示唆するいくつかの兆候があるが、その直接の原因は人間ではないかもしれない。しかし、汚染水に含まれる毒素や寄生虫のせいで病気になり、弱ったウナギは、水面近くでゆっくり泳ぐことしかできなくなり、鵜《う》などの、ウナギが大好物で、自然界にたくさん生息している捕食者の標的になりやすい、とは考えられる。

研究者らがもっとも深刻だと考える、明らかに人間によって引き起こされた現代的脅威は、ウナギの回遊を物理的に妨げる妨害物の数々だ。閘門《こうもん》（運河や放水路などの水量を調節するための門）、堰、その他の人工的な水量調節装置は、川を遡上《そじょう》するシラスウナギと、海をめざす銀ウナギの両方の妨げとなりうる。水力発電プラントは、より広い意味では環境に利益をもたらすかもしれないが、ウナギには致命的影響を及ぼす。水力発電ダムのタービンが、大西洋をめざす大量の銀ウナギの命を奪っている。発電所一基につき、そこを通過しようとするウナギ全体の七〇パーセント近くが死んでいる、という報告もある。ダムを迂回《うかい》するために作られた魚道は、概して、ウナギより浅いところを泳ぐサケに適するように造られている。

ウナギの生存を脅かしている昔ながらの脅威で、その影響の深刻さがずっと議論されてきたのは、もちろん漁業である。ウナギは昔から、ヨーロッパ各地で人気のある食材だった。ウナギ漁師たちが独自の伝統や道具、ウナギ漁の方法を培《つちか》ってきただけでなく、ウナギ関連の産業は、一風変わった、場所によっては重要な経済的役割を担《にな》ってきた。ここ数十年間は、今や世界全体のウナギの消費量の七〇パーセントを消費し、ヨーロッパやアメリカ同様、ウナギの個体数の減少の影響を大きく受けている日本への輸出が、劇的に増えている。

ウナギの複雑な生活史に特に大きな被害を与えているのは、シラスウナギ漁である。昨今は主にスペインとフランスで行なわれており――バスク地方では、オリーブオイルとニンニクで煮込んだシラスウナギが、高級料理としてここ数十年間にますますもてはやされるようになった――生活史の初期段階にあるシラスウナギを大量に捕獲するこの漁業は、ウナギの個体数全体に甚大な影響を与えている。

説明するのがより難しく、しかしもっとも深刻な脅威は気候変動だ。気候の変化によって、世界の主な海流の流れの強さや向きに変化が生じることは明らかで、そのことがウナギの回遊にかなり大きな影響を及ぼしていると思われる。海流の変化は、大西洋を泳ぎ渡り、向かうべき産卵場を探し当てる銀ウナギの旅をさらに困難にする可能性がある。しかしそれ以上に深刻なのは、海流に流され、ヨーロッパ大陸まで運ばれていく生まれたばかりのウナギの幼生に及ぼす影響だ。

海流の流れが弱まり、方向も変化すれば、サルガッソー海内の産卵場の位置にも影響が及ぶかもしれない。そうなれば、浮遊する透明な幼生は、自分たちをヨーロッパへと運んでくれるはずの海流を見つけられないかもしれず、もしかすると間違った方向に運ばれてしまうかもしれない。さらに、気候変動は海流の温度や塩分濃度も変化させ、流されていく幼生の餌となるプランクトンの産出にも影響を及ぼす。

いくつかの研究が、近年のヨーロッパ沿岸部に到達するシラスウナギの数の減少の主な要因は、気候変動である、としている。少なくとも、シラスウナギの減少は不吉な警告だ。なぜならそれは、ウナギの回遊と生殖という、ウナギの生活史のなかでも非常に複雑で、さまざまな影響を受けやすい一連の行動が、何百万年も前から行なわれてきたことが、今、ほんの数十年という短い期間に、根本から妨げられようとしていることを意味しているからだ。

ウナギが絶滅してしまったら、あとには何が残るのだろう？　絵画、記憶、物語。もちろんそうだ。そして、解き明かされずに終わった一つの謎が残ることになる。ひょっとすると、ウナギは新たなドードーになるかもしれない。ウナギはどんどん本物の生きている生物ではなくなっていき、人間が、自分でも気づかないうちに何をしでかしてしまうかを思い出させる、悲喜劇的な象徴に近づいていくかもしれない。

＊

ドードーとは、大きなくちばしをもつ不格好な鳥で、一六世紀の終わりにこの鳥とはじめて遭遇した人類は、その後一〇〇年でこの鳥を狩り尽くして絶滅させてしまった。最初にこの鳥を発見して報告したのは、オランダ人の船乗りたちで、場所は、のちにモーリシャス島と名づけられるインド洋の島だった。知られている限りでは、そこが、この鳥たちの世界で唯一の生息地である。

ドードーは体の大きな鳥で、背丈はおよそ九〇センチ、体重は一三キロ以上あった。翼は小さく、体は灰色がかった茶色の羽毛で覆《おお》われ、頭にとさかはなく、少し曲がったくちばしは赤と黒で彩《いろど》られていた。足は黄色で力強く、大きくて丸い尻《しり》をもっていた。空を飛べず、動きはとても緩慢だったが、人間がやってくるまでは、島に天敵はいなかった。その当時に描かれたドードーの絵は、その姿を嘲笑《ちょうしょう》する、風刺化されたものが多かった。とさかのない大きな頭には、小さな丸いボタンのような表情のない目が描かれ、その顔にはいかにも鈍そうな、驚いたような表情が浮かんでいた。

　ドードーについての文字による最初の記録とされる、一五九八年にオランダの探検隊が公表した報告書には、ドードーは大きさは白鳥の二倍はあるが、翼はハトなみに小さい鳥である、と書かれている。報告書はさらに、食べてもそれほど美味《おい》しくなく、肉はいくら調理に時間をかけても柔らかくならないが、腹肉と胸肉はまだなんとか食べられると続けている。

　これはもちろん、オランダ人の船員たちのじっさいの体験を記したものだった。彼らはドードーを食べたのだ。なにしろ、ドードーを捕まえるのは簡単だったから。船乗りたちが近づいても、ドードーは逃げようともしなかった、と言われている。ドードーはよく太って肉がたっぷりついていたから、三、四羽も仕留めれば、乗組員全員の食事をまかなえた。ドードーは、自分たちを脅かす別の生き物がいるとは思いもしていないかのように、のんびりとして落ち着き払っていた、と報告書には書かれている。一六四八年の日付のある絵には、この不格好な鳥の群れを、船員たちが、太い棒で愉快そうに殴り殺す様子が描かれている。しかし、ドードーは腹をすかせたオランダの船乗りたちの夕食となる運命にあっただけではなかった。人間は、自分たち以外にも侵略的な生物をこの島に持ち込んでいた。それは、生活空間や餌《えさ》をドードーと取り合うことになる犬や豚、そしてネズミたちで、彼らはドードーの巣を襲い、その卵やヒナを食べてしまった。

一六八一年の夏、ベンジャミン・ハリーという名の船乗りが、モーリシャス島でドードーを見たと日記に書いた。これが、生きているドードーを目撃したことを記した最後の証拠書類となった。彼が見たドードーは、その話に信憑性《しんぴょうせい》があるとすればだが、最後の一羽だった。その後ドードーは死に、絶滅し、あとにはこの鳥についての薄れゆく記憶だけが残された。

それからしばらくは、ドードーは人々の記憶から消え去るか、さもなければ、本物の動物ではない、架空の生物か何かとして扱われるようになっていた。ドードーなどこの世に存在しなかったのではないか、と考える人もいた。一八四八年に、アレクサンダー・メルヴィルとヒュー・ストリックランドが『The Dodo and Its Kindred』（『ドードーとその類種』）と題する、当時としてはもっとも網羅的なドードーの説明書を出版した際も、著者らは一六〇年以上前に絶滅したこの鳥についての情報が、十分とはとても言えないものであったことを認めざるをえなかった。「我々が本書の拠《よ》り所《どころ》としたのは、科学者ではない船乗りたちによる拙劣な記述と、数枚の油絵、そして骨のかけらが数片だけで、それらは二〇〇年間にわたってずっと忘れ去られてきたものである。何万年も昔に死滅した種の動物学的な特徴を推定しようとする古生物学者でさえ、その多くが、チャールズ一世の時代に生きていたこの鳥たちに関するものよりも、ずっとましなデータをもっていた」

　少なくとも彼らは、ドードーの最近縁にあたる現存の生物はハトである、と証明することはできた。その後のＤＮＡ検査で彼らの発見は追認されている。しかしそれ以外の点では、メルヴィルとストリックランドは、ドードーについての人類の全般的な理解を深めることに、大した貢献をしていない。この奇妙な姿の生物が、特定の地域にしか生息していない、ということには何の不思議もない、と彼らは主張した。ある生物が、限られた期間、限られた地域にしか分布していないという事実は、環境や気候とは何の関係もなく、もちろん進化とも無関係である。これは「常に揺れ続ける地域の生物学的平衡状態」を保つための、「創造主」によるはからいであり、従ってドードーが絶滅したことは驚くには当たらない。「死は」と彼らは書いている。「個々の生物にとっても、種全体にとっても自然の理法なのである」

　しかしその後、人類はドードーについてより多くを知ることになる。一八六五年にドードーの化石が初めて発見されると、学者たちは、特異な運命をたどったドードーに、鳥としての奇妙さという意味でも、地球上のすべての生物に対して人類が及ぼしてきた無限の、取り返しのつかない影響の一例という意味でも、より強い関心をもつようになった。一九世紀の末以降は、ドードーに関する本が数え切れないほど出版されてきた。ルイス・キャロルの『不思議の国のアリス』はドードーを偶像化した。ドードーが、現代の人々にもっともよく知られている絶滅した生物であることは間違いない。さらに、ドードーは象徴的な存在ともなった。人間の無責任な利己的行動に対する警告的な一例としてだけではなく、陳腐で時代遅れなもののメタファーとしても。彼はドードーだ、と言うとき、それは愚かで時代遅れな、新しい時代についていけない人だという意味で、拒絶され、忘れ去られ、必要とされなくなった人を指す。

「dead as a dodo」（ドードーのようにすっかり忘れ去られた）という表現もあるくらいだ。そのうち、代わりに「dead as an eel」（ウナギのようにすっかり忘れ去られた）という表現が使われる日が来るかもしれない。

*

しかし、考えられる別の運命に比べたら、そのほうがまだましかもしれない。ウナギは、ステラーカイギュウのような運命をたどるかもしれないからだ。その見慣れない奇妙な生き物のことは、またたく間に人々の記憶から消えていった。

ステラーカイギュウとは、海に棲む海牛目の動物の名称で、一八世紀の中頃に、ドイツの科学者、ゲオルク・ヴィルヘルム・ステラーによって初めて紹介された。大型哺乳類で、最近縁のジュゴンやマナティと同じく、動きの遅い、のんびりした草食動物だ。樹皮のように分厚い皮膚をもち、胴体の割に頭が小さく、前部には二本の小さい腕があり、後部にはクジラに似た尾っぽがついている。

ゲオルク・ヴィルヘルム・ステラーが初めてこの動物を目撃したのは、デンマーク生まれのロシア人探検家で、のちにベーリング海の名の由来ともなるヴィトゥス・ベーリングが率いる探検隊に参加したときのことだった。それは、未踏の領域をめざすベーリングの二度目の探検旅行で、ロシア海軍が彼に与えた使命は、ベーリング海を渡り北米沿岸の地図を作成することだった。一方のステラーは、好奇心と冒険心にかられて自発的にロシア大陸を東へ進み、ベーリングの探検隊に合流しようと考えた。ウィッテンベルク大学で神学と植物学、それに医学を学んだステラーは、サンクトペテルブルクをめざすロシアの負傷兵の一行に付き添った経験をもち、ノヴゴロドの大司教の主治医にも任命されていた。そして、結婚したばかりの、三〇歳を目前にした一七三七年の冬に広大なシベリアを横断する旅に出たのだ。めざすはカムチャツカ半島で、そこはヴィトゥス・ベーリング率いる探検隊が出発の準備をしている場所だった。

一七四一年五月二九日、聖ペトロ号は七七名の乗組員を乗せてオホーツクを出港した。しかしそれは、あらゆる点で悲惨な航海となった。出発直後に船は悪天候にみまわれ、姉妹船である聖パウロ号とも連絡が取れなくなり、聖ペトロ号は針路を南に変更して北米大陸を目指さざるを得なくなった。アラスカに到着したときには、乗組員たちは疲弊し、その多くが壊血病に罹っていた。一番大きな問題は、ベーリングとステラーがうまくいっていないことだった。ベーリングは、大急ぎで沿岸部の地図を作成し、秋の嵐《あらし》が来る前に帰路につきたい考えだった。ステラーのほうは、はるばるその地までやってきた目的を遂げたいと考えた。それはアラスカの植物相と動物相を調べることだった。

アラスカ沿岸での船上生活が二カ月ほどになった頃、ベーリングが壊血病を発症し、すぐに船を出してカムチャツカに引き返すことになった。ところが暴風雨に行く手を阻《はば》まれ、船はそれまで誰にも知られていなかったある島の沖合で岩礁《がんしょう》に乗り上げて座礁してしまう。見知らぬ島の沖合で砕け散る波に洗われる壊れた船の中で、乗組員のほとんどが意識を失って倒れ、すでに亡《な》くなった者の遺体が甲板から海に投げ捨てられていたそのとき、ステラーは、希望に胸を膨らませて、これからやるべき新たな取り組みのことをさっそく考え始めていた。彼には研究するべき動物や植物があった。そしてこの、カムチャツカ半島のすぐ東側に位置する、のちにベーリング島と名づけられる島で、ゲオルク・ウィルヘルム・ステラーは、一七四一年一一月八日に、誰も見たことがない海牛の一種の大群が、水際《みずぎわ》でくつろぐ様子を初めて目撃したのである。

その光景は間違いなく壮観だったはずで、ステラーは、のちに自分に因《ちな》んだ名で呼ばれることになるその動物の特徴を詳細に書き留めた。へそから上は、巨大なアザラシのようだが、へそから下はむしろ魚に似ている、とステラーは書いている。頭部は丸く、水牛と似ていなくもない。巨体のわりに、目は羊の目ほどの大きさで、しかもまぶたがない。耳は分厚い皮膚の深いシワやひだの中に隠れている。幅の広い尾はあるがヒレはなく、そこがクジラとの違いである。「この動物は、海の中で牛のように群れをなして暮らしている」とステラーは書き記した。「彼らは食べてばかりいる」と。

ステラーは、この風変わりな海牛がどんな姿をしていて、何を食べ、どんなふうに行動し、どのように繁殖するのかを記録しただけではない。この海牛がいかに脂肪が多くて美味であるか、そしてこの海牛はとても数が多く、カムチャツカ中の人々の食をまかなえるほどだ、ということも同じくらい詳しく説明した。彼はまた、この海牛は人間を少しも怖がらない、とも書いた。人間が近づいても逃げようとせず、腹をすかせた探検隊員が、大きな鉄製のフックで海牛を捕獲し、まだ生きているうちにその肉を切り取ったときも、ただ静かにため息をつくだけだった、と記した。

海牛は、生存本能には欠けるが、その分、仲間への胸が熱くなるような思いやりを見せる、とステラーは例を挙げて説明した。

「すぐれた知性の片鱗《へんりん》……は認められなかったが、互いを思いやる気持ちは尋常ではなく、群れの一頭がフックで捕らえられると、それ以外の全員がその一頭を助けようとするほどだった。怪我《けが》をした仲間の周りを取り囲み、砂浜を引きずられていくのを阻止しようとするものもいた。捕獲した海牛を積み込むための小型漁船を転覆させようとするものもいた。牽引《けんいん》用ロープの上に寝転ぶものや、仲間の体から銛《もり》を引き抜こうとするものもいた」

あるオスの海牛は、殺されて砂浜に横たわる一頭のメスの様子を見るために、二日続けて通ってきた、とステラーは書いた。「しかしながら、どれだけ多くの仲間が傷つけられ、あるいは殺されても、彼らは移動せずにずっと同じ場所で暮らしている」と。

　この、愛情深いのんびりとした海牛との出会いは、ただ単に、ゲオルク・ウィルヘルム・ステラーの心を強く揺さぶっただけではなかった。これは生物学の世界を騒然とさせる出来事でもあった。アザラシやクジラよりも、じっさいにはゾウに近い哺乳類である海牛は、通常、熱帯の海でしか見られない。ところがこのステラーカイギュウは、太平洋の北の外れに浮かぶ、前人未到の荒れ果てた寒い島に棲んでいて、どうやらそこにしか生息していないようだった。ステラーカイギュウもまた、進化の複雑さと、この世界の魅惑的な多様性を示す一つの例だった。ステラーカイギュウは、世界でもっとも荒れ果てた場所の一つに棲む、見慣れない姿をした、生きている驚異だった。

　しかしセイレーン（美しい歌声で船を誘い寄せて難破させる、ギリシャ神話に登場する海の怪物）と同じように、ステラーカイギュウは、それを発見した者にも、自分自身にも破滅をもたらした。ヴィトゥス・ベーリングは、一二月八日にこの島で亡くなり、海辺の砂浜に埋葬された。乗組員のおよそ半数が、ベーリングと同じ運命をたどった。ステラーはこの危機を生き延びた。ステラーは生き延びた他の乗組員たちとともにベーリング島で越冬し、ラッコを捕獲し、その生肉を食べて命をつないだ。春になると、聖ペトロ号の残骸《ざんがい》を集めて新しい船を建造し、出発から一年以上が過ぎた一七四二年の八月に、乗組員たちはやつれはて、多くの仲間を失って、カムチャツカに帰還した。ゲオルク・ウィルヘルム・ステラーは、ベーリング島での観察記録を出版し、北方の海に棲む奇妙な海牛のことを世間に知らせることができたが、その後間もなく酒浸りになり、一七四六年、ロシアのチュメニで、三七歳の若さで亡くなった。

そしてステラーカイギュウもまた死滅した。ベーリングに倣《なら》って島に上陸したロシアの猟師たちにとって、のんびりしたステラーカイギュウは格好の餌食だった。ステラーによって海牛が発見されてから、わずか二七年後の一七六八年、ベーリング海で最後のステラーカイギュウが殺され、今では、そんな生物が存在していたことを知る人さえほとんどいない。ステラーカイギュウは、静かなため息とともにその運命を素直に受け入れ、人類の意識からも、理解の範囲からも消えてしまった。ドードーとは違って、ステラーカイギュウは通り名で呼ばれることさえなかった。

＊

しかし、ウナギはドードーでも海牛でもない。そもそもウナギは、インド洋の島やベーリング海だけに生息する生物ではない。それに、ずっと昔から人間と共存してきたウナギが、ドードーや海牛のような突然の終焉《しゅうえん》を迎えるわけがない。そしてもちろん、何世紀にもわたって、ウナギを理解するために費やされてきたすべてのエネルギーが無駄になるはずがないだろう?

なぜなら、ウナギを助けるために最善の努力を続けている人々が大勢いるからだ。ウナギの生活史が、何世紀にもわたって科学の世界の関心を集めてきたように、ウナギに取り組む現代の科学者の多くが、ウナギを絶滅から救うことこそが、自分たちに与えられた最も重要な使命であると考えている。

ＩＣＥＳやＩＵＣＮ等の組織や、さまざまな研究者たちが鳴らす警鐘のいくつかが、非常に深刻に受け止められている。少なくともヨーロッパではそうだ。二〇〇七年、欧州連合（ＥＵ）は、ウナギを救うためのいくつかの思い切った提案を含む保護計画を採択した。これにより、加盟国のすべてが、ダムや発電所を迂回する魚道の設置や漁獲規制等の施策を実行することにより、銀ウナギの少なくとも四〇パーセントが確実に海にたどり着けるようにすることを義務づけられた。貪欲《どんよく》な日本市場をはじめとする、ヨーロッパ以外の国々へのウナギの輸出が全面的に禁止され（違法な輸出は当然今もあると思われるが）、シラスウナギ漁に携わる者はすべて、漁獲量の少なくとも三五パーセントを、自然に返す目的に使用することが定められた。同じく二〇〇七年に、スウェーデン漁業庁は、スウェーデンにおけるあらゆる形態のウナギ漁を禁止すると発表し、例外として、特別許可をもちウナギ漁を本業とする人々による漁、およびウナギの回遊を妨げるダム等の妨害物三つの上流の淡水域での漁（この水域の個体は、繁殖に至るまで生存できる可能性が低いため）を認めた。

当初は、これらの方策に一定の効果があるようにみえた。その後数年で、ヨーロッパウナギの個体数に僅《わず》かな上昇がみられた。とくに、サルガッソー海から浮遊してくるシラスウナギの数が増えて、ウナギの保全への長い取り組みのなかで、関係者たちははじめて、わずかながらも楽観的な見通しをもつことができた。

ところが、二〇一二年以降この傾向は一変し、個体数の回復率は横ばいとなっている。過去の僅かな上昇はどうやら一時的な例外だったようで、ＥＵの保護計画が設定した目標にはとうてい及ばない。全体的に見ると、今日のウナギが置かれている状況は、少なくとも、二〇〇七年以前の状況と同じくらい悲惨なものである。

どうやら人類は、ウプサラにあるスウェーデン農業科学大学のウナギの専門家、ウィレム・デッカーが、二〇一六年にウナギの状況についての概略の中で述べたように、

「夢想的な行き詰まり」状態にあるようだ。いっとき広がっていたウナギの未来についての希望的観測は、非現実的な期待であったことがわかった。ウナギを救うために実施された方策は、デッカーによると、不十分であっただけでなく、場当たり的な誤った対策となる危険をはらんでもいた。自分は知っている、と思っていることに、正しいと信じていることに固執している限り、ウナギが置かれている状況は決して改善せず、むしろ悪化することになる。

そして、この問題について議論がなされている間にも、時間は過ぎていく。

二〇一七年の秋、ＥＵ各国の農業・漁業担当大臣が新たな漁獲枠を決定することになっていたが、欧州委員会が提示した革新的な提案は、驚くべきことに、バルト海における一切のウナギ漁の禁止だった。スウェーデンは当初この全面禁止案を支持したが、他に賛同する国がないことがわかると、支持の取り下げを決めた。交渉の余地を残して置くことが重要だ、とスウェーデンの農務大臣、スヴェン＝エリック・ブフトは強調した。どうやら彼も、他の多くの人々同様、ウナギ以外の魚が好きだったようだ。ウナギを守ろうとすれば、他の種を保護することができなくなる、と彼は主張した。「誰もサケを守ることができなくなる」と。この決断の結果、サケやタラ、ニシン、プレイス（ツノガレイの一種）の漁獲枠が制限されることになり、ウナギのほうは、以前と同じだけ捕ることが許された。

ＥＵが、地中海や大西洋沿岸部を含む、ＥＵ全域にわたるウナギ漁の禁止をようやく決めたのは、それから一年後の二〇一八年一二月になってからだった。ただし、禁止期間は一年のうちの三カ月間だけで、シラスウナギ漁はいまだに含まれていない。

そういうわけで、ウナギの個体数はいぜんとして減少を続け、ウナギの保全のために何をすべきかについての決断は、先延ばしにされ続けている。いつの日か、人類がウナギのことをもっとよく理解できるまで。あるいは、もはや何も知る必要がなくなるまで。

*

ウナギのいない世界を想像することは可能だろうか？　少なくとも四千万年前からこの世界に存在し、氷河期を生き延び、大陸移動を目《ま》の当たりにし、人類が地球上に現れるのを、その何百万年も前から待ち受けていた、数え切れないほどの伝統や祝祭、伝説や物語に登場する生き物を、消し去ることなどできるものだろうか？

できない、と直感が答える。そんな世界などありえない、と。この世に存在するものは、確かにそこに存在するはずで、何かがこの世に存在しないことなど、とうてい想像できない。ウナギのいない世界を想像することは、山や海、空気や土、それにコウモリや柳の木がない世界を想像するようなものだ。

しかし同時に、命あるものはすべて変化していくもので、誰にでもいつかは変化が訪れる。そしておそらく、かつては、少なくとも一握りの人々にとっては、ドードーやステラーカイギュウのいない世界を想像することも、ウナギのいない世界を想像するのと同じくらい難しいことだったのだろう。僕がかつて、ナナや父さんのいない世界を想像できなかったように。

しかし今、そのふたりはすでにいない。そして世界はいぜんとしてここにある。

18

サルガッソー海で

父さんと最後にウナギ釣りに行ったのがいつだったかはよく覚えていないが、その機会は、年々減っていった。ウナギの謎めいた魅力がなくなったせいではなく、おそらく、それ以外の謎のほうが僕にとってより重要になったせいだろう。川べりでの、父さんとふたりだけの閉じられた小さな世界は、僕の目の前に次々と現れてくるさまざまな世界に、次第に太刀打ちできなくなっていった。これはもちろん、予想できる展開だった。人は成長し、変わり、立ち去り、変態し、ウナギ釣りをしなくなる。僕たち人間は象徴的な意味での変態を経験し、そのとき必然的に何かが失われる。

一〇代の頃には、友人たちと川べりに行くことが増えた。父さんは家にいた。僕は、友人たちと一緒にビールとエアガンをもって川へ行き、ウナギを捕まえると、その頭をエアガンで撃って遊んだ。みんなで順番に、命中するまで何度も撃った。ウナギは父さんのために家に持ち帰った。肉に食い込んでいたディアボロ型の散弾で危うく歯を折りそうになった父さんは、ひどく腹を立てた。父さんはきっと、僕たちのことを無礼だと感じたのだと思う。父さんに対して、でもウナギにはもっと失礼だと思っていたのかもしれない。

父さんは、たまにひとりで釣りに出かけたが、それほどしょっちゅうではなかった。僕は高校を卒業すると、働きはじめた。週末は遊びに出かけた。僕と父さんの間に距離ができた。諍《いさか》いがあったわけでも、僕が父さんを拒絶したわけでもなく、すべてが、ひとりでに変わっていったのだ。父さんを新たな場所へと押し流してきた時代の流れが、今度は僕を父さんから遠く離れた場所へと連れ去ろうとしているかのようだった。二〇歳《はたち》のとき、僕は家を出て、おそらくその流れが僕の最終目的地だと決めた場所に、つまり大学にたどり着いた。

ウナギが僕たち親子の共通の経験だったとすれば、大学はその正反対の、僕たちが分かち合えないもののすべての象徴だった。大学は、僕が慣れ親しんだあらゆるものとかけ離れた、馴染《なじ》みのない場所だった。記憶に残るその場所は、大きな建物が立ち並び、人々が僕には理解できない抽象的な言葉で会話し、働いている人は皆無で、誰もが自己実現に勤《いそ》しむ場所だった。そして僕は、少しばかり不本意に感じながらだったとしても、そこに魅力を感じていた。僕は知らずしらずのうちに大学という環境になじみ、その文化を吸収し、その風変わりな社会的ルールをまねる方法を身に着けていった。身分証明書がわりに常に本をもち歩き、誰かに出身地を尋ねられたときには、用心して簡潔に答える方法を覚えた。きっと、アスファルトの臭《にお》いを嗅《か》ぎつけられでもしたら、学問の中枢《ちゅうすう》である大学にそぐわない人間だとばれてしまう、と考えていたのだろう。

けれども、夏は毎年日程を調整して実家に帰り、父さんとふたりで、ウナギを釣りに川べりに出かけていた。この頃にははえなわや罠《わな》は使わなくなり、代わりに底釣りという、新しい方法を使うようになっていた。ごく普通のハシバミ材の釣り竿《ざお》に、大きな一本針とおもりを取りつけた簡単な仕掛けで、釣り針に餌のミミズをつけて、川床に沈めるのだ。父さんが重い鉄パイプを加工して造った釣り竿受けを地面に挿して、釣り竿を立てかけると、竿は夜空に向かって真っすぐ伸びる船の帆柱のように見えた。持ってきた折りたたみ式のキャンピングチェアを広げ、釣り竿の先に鈴をつけて、当たりが来たら鳴るようにした。それからふたりでその椅子《いす》に座り、早瀬の単調な水音を聞き、次第に伸びて行く柳の木の影や、コウモリが、川べりに並ぶ釣り竿をかすめて飛び回る様子を眺めながら、夜遅くまで過ごした。僕たちはコーヒーを飲み、これまでに釣ったウナギのことや、釣れなかったウナギのことを話し、それ以外のことはあまり話さなかった。それでも、その時間を退屈だと思ったことはなかった。

両親は、僕が家を出たあと丸木小屋を買った。セコイア材でできた、たいしてきれいでもない小さな小屋で、屋内に給水設備はなく、汚水が溜《た》まった井戸が一つあるだけだった。でも、その小屋は、四方を森に囲まれた小さな湖のほとりにあって、広い葦原《あしはら》ではサギやカンムリカイツブリが巣を作っていた。毎日のようにサギやミサゴが湖の上を飛び交い、夕方には大きな火の玉のような太陽が、向こう岸にあるトウヒの森の向こうに沈んでいくのが見えた。父さんも母さんもそこがとても気に入っていて、できるだけ多くの時間をそこで過ごすようにしていた。

小屋には小型のプラスチック製のボートが常備されていて、僕が帰ったときには、父さんとふたり、よく湖で釣りをした。釣れるのはたいていカワカマスかパーチだった。僕たちはボートを漕《こ》いで、湖を探索して回った。湖は思っていたよりずっと広かった。丸木小屋があるのは湖の東側で、湖の南端に広がる浅くて広い葦原では、夕方になるとカワカマスが立てる水音が聞こえた。北側には小さな川があって、湖に流れ込んでいた。そこは、パーチが昼夜を問わず餌を漁《あさ》る場所だった。そして西へ向かうに従って、湖は細く長く伸びていき、その辺りには葦や睡蓮《すいれん》が密生し、草深い小さな島が点在していた。そこが大物のカワカマスの住処《すみか》に違いない、と僕たちは考えていた。

ある夜、僕と父さんは小屋の中にいて、湖の様子を眺めていた。その日、湖は増水して、湖岸の芝生が数メートルにわたって冠水していたが、芝生と湖面のちょうど境目あたりに、突然大きくてたくましい尾びれが現れた。尾びれは、月明かりに照らされて、黒々した三角旗のように右に左に揺れていた。たぶんテンチだろう、ということになって、ウナギ釣りの道具で釣ることにした。つまり、先に鈴をつけたハシバミ材の釣り竿で、底釣りで釣ってみたのだ。僕は、一・五キロほどもある大物を釣り上げた。黒みがかったヌルヌルした魚で、目に見えないほど小さなうろこで覆われていた。ブリーム（テンチとブリームは欧州産のコイ科の淡水魚）も捕れた。こちらは、動きがぎこちない、反応の鈍い魚で、どこか、あきらめ顔で水から引き上げられている風情《ふぜい》があった。

しかし、ウナギは一匹も釣れなかった。そして時がたつにつれて、それがますます不思議に思えてきた。

「ここにはウナギがいるはずなんだが」と父さんはよく言っていた。なにもかもが、ウナギの存在を匂《にお》わせていた。湖は浅く、湖底は泥深かった。ウナギが身を隠せる植物や岩が豊富にあった。そして湖には小さな魚がたくさんいた。湖に注ぎ込む小川がウナギの回遊を妨げるとは考えられず、その小川は僕たちがいつもウナギ釣りをしていた川とつながっていて、その距離はほんの三〇キロほどだった。

「どうしてウナギが釣れないのか、まったくわからない」と父さんはよく言っていた。「とにかく、ここにはウナギがいるはずなんだ」

それでも、僕たちは一匹のウナギさえ見なかった。まるで、かつてウナギが僕と父さんにとってどんな意味を持っていたかを思い出させようとするかのように、ウナギは暗い水底で身を潜めていた。そのうちに僕たちは、ウナギは本当にあの川べりにいたのだろうか、と思うようになっていった。

*

五六歳になった年の初夏に、父さんの病気がわかった。どうも調子が悪い、という自覚は随分前からあった。ずっと痛みがあって、ようやく医者に診てもらいにいくと、大きな病院を紹介された。病院の医者はレントゲン撮影とさまざまな検査をして、診断を下した。進行性の腫瘍《しゅよう》がかなり大きくなっている、とのことだった。父さんが病気になった理由について、医者は、アスファルトを扱う仕事と、父さんが罹っているがんには明らかな関連性があると説明した。アスファルトから立ち上る暖かい蒸気が、長い年月のうちに父さんの身体《からだ》の中心部にまで浸透してしまい、もはやそれを追い出すすべはない、とのことだった。

季節が夏から秋になる頃に父さんは手術を受けた。それは難しい大がかりな手術で、冬になってもまだ退院することができなかった。父さんは点滴につながれたまま何カ月も病院のベッドに寝たきりで、口から食事を摂《と》ることもスヌースを楽しむことさえもできず、見舞いに行った僕たちは、病院のスタッフが手を貸して父さんをベッドから起き上がらせ、歩行器にもたれかかるような姿勢で廊下を行ったり来たりする練習をさせる様子を、黙って見ていた。病衣姿の父さんは痩《や》せて顔色が悪かった。父さんがそこまで弱った姿を見たのは、そのときが初めてだった。

そしてまた、モルヒネを投与されてまどろむ父さんを病室に残し、病院のカフェテリアで、本当はもっと早く気づくべきだったことを、母さんから聞かされたのも、そのときだった。僕の祖父は、僕がずっとおじいちゃんと呼んでいた人は、僕の父さんの父親ではなかった。父さんの生物学上の父親は、まったく別の誰かで、家族の誰も、父さんさえも、その人を知らなかった。僕の祖母のナナは、二〇歳の頃にその男性と出会った。祖母は妊娠して赤ん坊を産んだが、その男性は祖母とも、自分の息子とも関わりたくないと思った。それが、その男性についてファーストネーム以外に僕たちが知っているすべてだった。その男性のファーストネームは、父さんのミドルネームでもあったから。

どうしてもっと早く気づかなかったのだろう？　なぜわからなかったのか？　父さんが小さい頃、僕の祖母であるナナの両親と暮らしていたことは知っていた。ナナが町のゴム工場で働いている間、ナナの妹たちが父さんの世話をしていたことも知っていた。僕の曾祖母《そうそぼ》が亡くなったとき、父さんはまだ二歳だったことや、小作人用の宿舎から、自分たちの住まいに引っ越してきた話も聞いていた。それなのにどういうわけか、僕は自分が知っていることをもとに、正しい推論をすることができなかったのだ。

ナナが、僕がのちにおじいちゃんと呼ぶことになる人と出会ったのは、父さんが七歳になる頃のことだった。ふたりのことが噂《うわさ》になりはじめてから間もない頃、父さんは、学校に登校した初日にすっかりしょげて帰ってきた。新しいクラスの生徒たちは全員、自分の父親がどんな人かをクラスメートの前で発表するように言われた。でも父さんは何も知らなかった。だから何も言うことができず、おそらくそのときはじめて、人は、好むと好まざるとにかかわらず、何らかの形で自分の起源の影響を受けていることに、そして自分の起源を知らない人間は、つねに迷いを抱えて生きることになるということに、父さんは気づいたのかもしれない。自分がどこから来たのか知らない人間は、自分がどこへ向かうべきかもわからない。故郷を離れる旅と、そこへ戻る旅は、定められた同じルートをたどるものだから。

その最初の登校から間もなく、僕の祖父母は婚約した。数週間後には、ナナの妹たちを立会人とする簡素な結婚式を、さっさと済ませてしまった。

おじいちゃんは、僕がずっとそう呼んできた祖父は、最初から父さんを自分の息子のように育ててくれて、おそらく父さんはすぐにこう決めたのだろう。自分の起源についての謎《なぞ》の答えは、自分で選べばいい、と。父親のいない暮らしを七歳まで続けた父さんの前に、突然ひとりの父親が現れた。それまで名ばかりの父親だった会ったこともない人物は、父さんには何の関心もない人だった。父さんが本当のことを話さなかったのは、僕たちにどんな不安も感じさせたくなかったからだ。祖父は、親切で礼儀正しい人で、会ったことのないその人とは違って、じっさいにそばにいてくれた。父さんはどこかの時点で、自分の、ひいては自分とその息子である僕の起源は、祖父が居る川のほとりのこの農場にある、と決めただけのことで、それが真実であり、何よりも重要なことだった。病気になって、命が危ぶまれる状態になっても、父さんは何も語らず、僕たちも尋ねたりはしなかった。

手術と、半年近い入院生活を終えた父さんは、その後四年間生き延びた。少しずつ回復してきたところで、がんがそのたびに威力を増して再発する、ということが繰り返された四年間だった。最初の再発、次の秋の手術、合併症、痛み、そして数カ月の入院。そして二度目の再発。その頃にはすっかり弱ってしまい、もはや病気と闘える状態ではなくなっていた。

父さんは六〇歳になっていた。ある夕方、僕は家で父さんと並んで座り、テレビを見ていた。父さんは黒い肘掛《ひじか》け椅子にゆったりと腰掛け、前に置いたスツールに両足を預けていた。疲れている様子だったが、気分は良さそうだった。そのときはまだ、僕たちはがんが再発していることを知らなかった。父さんの体内でまたもや燻《くすぶ》りだしたものがあることを、僕たちはまったく知らなかった。少なくとも、僕は。

「丸木小屋の脇《わき》の湖の増水はまだ続いているのか？」と父さんは尋ねた。

「いや、ずいぶん引いた。今は、堤防に少し水が上がる程度だよ」

「堤防はちゃんとあるんだろうね？　流されてないのか？」

「大丈夫。問題なさそうだよ。しっかり固定しといたから。よっぽどのことがない限り流されないと思う」

「そうだな。しかし、同じことをいったい何度言ってきただろうな？」

そう言うと、父さんは顔をこちらに向けて僕の顔を見て「で、釣りはやっているのか?」と問いかけた。そのとき、僕は父さんの目がいつもと違う事に気づいた。白目が黄色くなっていた。光沢を失い、薄汚れてしまった古い紙のように黄ばんで灰色がかっていた。黒目の周囲に、黄色みがかった濃い霧がかかっているようだった。僕は一瞬父さんの目を見つめてしまい、そのとき僕の表情から何かを読み取ったのだろう。父さんは目を逸《そ》らして、再びテレビのほうに向いてしまった。僕は、今見たものが何だったのかよく理解できないまま、黙って父さんの隣に座り、まっすぐ前を見つめていた。

そのあともふたりで話したが、僕が父さんのほうを見る度に、わざと視線を外してしまう。父さんは、何かを隠そうとしているかのように顔をそむけ、僕は小さい頃に、キッチンのテーブルで父さんとくつろいでいたときの出来事を思い出した。あれは真冬の、外は雪でとても寒い日だった。父さんは青い王冠の縫い取りがついた、黄色いニット帽をかぶっていて、帽子を脱いでみると、おでこが帽子と同じ黄色に染まっていた。「黄疸《おうだん》になっちゃった」と父さんは言ってくすくす笑っていたが、僕はそれが冗談だとわからなかった。母さんに黄疸ってなに?　と尋ねると、それは肝臓の病気で命に関わることがあると教えられ、怖くなって黙ってしまった。父さんは死ぬんだと思い、あまりの恐ろしさに何も言えなくなった。父さんは笑って冗談だよと言い、帽子の色が移っただけだと説明したが、僕はその言葉をすんなり信じる気になれなかった。他の誰かが病気になって、死んでしまうことさえあるのだとしたら、どうして父さんは死なないと言えるのか？　僕は死なないといえるのか？

　テレビを見ている間に外は暗くなり、父さんも疲れてきていたが、それを見せまいとしているのがわかった。父さんはもう少し起きていたがった。自分が弱っていることを、あるいは自分の身体に異変が起きていることを、認めたくなかったのだ。だから椅子にもたれかかったまま僕の話を聞き、低い、小さな声で話をしていたが、話の途中でふいに目を閉じて、そのまま眠ってしまった。リクライニングチェアに座って目を閉じたまま動かなくなり、深い、苦しげな呼吸を続けていた。まるで、人生のタイムレコーダーを押してしまったかのようだった。僕はひとり、父さんの隣の椅子に座っていた。やがて僕はテレビのほうに向き直り、待っていた。何を待っているのか、自分でもよくわからないまま。

　しばらくすると――一〇秒か、二〇秒ほどだったろうか――父さんは再び目を開け、僕の顔を見て、微笑《ほほえ》もうとした。「いつの間にか眠ってしまったようだ」と父さんは言った。

それから数週間後、僕は病院にいる父さんを見舞った。ちょうど夏至の二日後のことで、もはや隠されていることは何もなかった。再発です、と医者は説明した。がんは肝臓に転移しています、と。治療法について尋ねると、その生真面目《きまじめ》な若い医者は、両手を広げて首を横に振った。

おそらく父さんのほうが、僕よりうまく事態を受け止めていたと思う。「今回は助からんだろう」と父さんは言った。僕は反論しようとしたが、うまい言葉が見つからなかった。「お前があの小屋をもらってくれたら嬉《うれ》しいんだが」と父さんは言い――僕はどうにか、父さんとその約束だけはすることができた。その数日後、父さんはホスピスに移送され、意識を失った。

*

七月の三日は木曜日だった。蒸し暑い日だった。僕たちは、父さんがいるホスピスの狭い病室にいて、芝生の中庭へ続くドアを開けっ放しにしていた。芝生の先の木立ちの向こうには小さな池があって、そのほとりに立つ一羽のサギが、首をあちらこちらに巡らせながら、波一つない水の広がりの向こうから、じっとこちらを見つめていた。

前夜は苦しい夜だった。父さんは、すすり泣くような声やうめくような声を何度も発し、昏睡《こんすい》状態にあっても不安を感じたり、苦しんだりしているかのようだった。数日前からずっと病室に泊まり込んでいた母さんは、一睡もしていなかった。

その朝、僕が着いたときには、父さんの容態は少し落ち着いていた。僕はひとりでベッドの脇に座り、父さんの手を握っていた。父さんの手は温かく、湿っていた。指はガサガサに荒れて、木切れのように固かった。父さんは、身動きひとつせず静かに横たわっていた。僕は父さんの呼吸の音を聞いていた。不規則で弱々しく、息を吸ったあと、吐くまでの数秒間が、まるで永遠のように長く感じられた。

そのときはじめて、僕は、人はその死をどのように知るのだろう、と考えた。その時が来たことを、人はどのように知るのか？

「心臓の鼓動が停止したとき」。たいていの人はそう答えるかもしれない。その人が息を引き取り、一切の動きが止まったとき。それが、人々が昔から考えてきた死の瞬間だ。鼓動と呼吸は生きるために不可欠なものだから、それが、生と死を分ける明確な境界だとされている。心臓の鼓動が止まったその瞬間に、死が訪れる。そう考えれば、今この瞬間に死が訪れた、と言うことは可能だ。ろうそくが吹き消された瞬間を言い当てるのと同じように。

しかし、本当の死は必ずしもそうではないように見える。今動いていた心臓が次の瞬間に止まる、ということは普通はない。そうではなく、鼓動は徐々に遅く不規則になっていく。止まった心臓が、再び動き始めることもある。血圧が下がり、血液中の酸素濃度が低下していく。死は、突如として生に取って代わるのではなく、生きている人の中にじわじわと浸透していく。

スウェーデンにおける法的な人の死は、心臓の鼓動や呼吸とはまったく関係がない。スウェーデンの法律では、人は、その脳に何らかの活動が認められる間は生きているとされている。人の死の判定基準の概略を述べる法律の第一項には「全脳の機能が、完全かつ不可逆的な停止に至ったとき、人の死が認められる」と書かれている。

このように明文化されているのは、一つには人工呼吸器につながれている脳死状態の人の身体から、移植のために臓器を摘出することを容易にするためだ。しかしまた、これはある意味で生命を尊重する定義だともいえる。というのもこの定義には、生命とは単なる生物学的作用ではなく、意識と——たとえその意識が、目覚めているときのものではないとしても、少なくとも、知覚し、感じ、あるいは夢を見る、思索的な能力と——つながっているものである、という意味が込められているからだ。

そしてこれらの思索的な能力は、どうやら、心臓の鼓動や呼吸に完全に依存しているわけではないように思われる。二〇一六年、カナダのウェスタンオンタリオ大学の研究チームが、四人の患者の臨終の瞬間に関する研究を行なった。生命維持装置をすべて取り外したあとの、脳の活動を脳波計で測定したのだ。四人のうち三人は、心拍が停止する前に脳の活動が停止しており、そのうちの一人は一〇分も前に停止していた。しかし四人目の患者はその逆だった。脳波計は、心停止後、一〇分間にわたる脳の活動を記録したのである。その間に何が起きていたのか？　活発な脳活動を示す脳波図のピークの中身とは？　心象？　感情？　あるいは夢なのか？

　アメリカの集中治療医、ラクミール・チョーラが実施した別の研究でも、死の瞬間に脳の活動が高まった例が記録されている。チョーラは、七名の患者について、心停止後三〇秒から三分間にわたって脳活動の活発化が認められたことを報告した。深い昏睡状態にあった患者たちが、人生の最後の瞬間に、完全に意識がある人とほとんど変わらない程度の脳活動を示したのだ。二〇〇九年にこの研究論文を発表したあとも、ラクミール・チョーラは一〇〇名以上の臨終間際の患者について同様の現象を観察しており、彼の研究結果に疑問を呈する人々もいるが、臨死体験と一般に呼ばれている概念をある程度支持するものとはなりそうだ。ひょっとすると、我々が知らない精神状態があって、草葉の陰から誰かが教えてくれでもしない限り、完全に理解することはできないのかもしれない。そしてそうした精神状態は、普段生命を定量化するときに一般に用いられる基準である心臓の鼓動や呼吸はもちろん、時間そのものともまったく関係がないのかもしれない。少なくとも、二〇〇〇年にノーベル生理学・医学賞を受賞したアルビド・カールソンはそう主張している。あるいは、と彼は論文の中で述べている。人は死の瞬間に、時間とまったく切り離された精神状態を経験するのかもしれない、と。

「その精神状態とは何か？」と彼は自問する。「それこそが永遠ではないだろうか？」

僕の父さんは、脳波計にはつながれていなかった。だから、その蒸し暑い朝、父さんの中に、何らかの意識が残っているのかどうかわからなかったし、意識があったとして、父さんが何を感じあるいはどんな夢を見ていたのかもわからなかった。それどころか、僕は自分がそこにどれほど長く座っていたのかもわからなかった――僕はすっかり時間の感覚をなくしていた――でも、父さんの手を強く握りしめたその瞬間、僕は父さんの呼吸の音をしばらく聞いていないことに気がついた。僕は急いで看護師を呼び、すぐに駆けつけた看護師は、父さんの手首に触れて脈を調べた。僕は、父さんのもう片方の手を握ったまま彼女の様子をうかがっていた。看護師は僕の方を振り返り、それから何も言わずにうなずいた。

*

その翌日、僕たちは自宅の庭にいて、一キロも離れていない教会から聞こえてくる、父さんのための弔いの鐘に耳を傾けていた。僕たちは、リンゴの木の側《そば》の芝生に腰を下ろしていた。目の前の温室ではトマトが赤く色づき始めていた。そこはちょうど、ミミズを土の中から這《は》い出させるために、父さんと一緒に地面に干し草用のフォークを突き立てた場所で、手こぎボートにペンキを塗った場所でもあり、父さんがいつかウナギの罠を見せてくれた場所でもあった。父さんを弔う鐘の音は、まるではるか彼方《かなた》から届いたものであるかのように、鈍く、重々しく響き渡った。

葬儀のあと、一週間ほど過ぎた頃に、僕たちは丸木小屋に行ってみた。その日もまた、夏らしい蒸し暑い日だった。芝は乾いて、草刈りが必要なほど伸びていた。強烈な日差しの中で波一つ立てない湖のはるか上空を、ミサゴが舞っていた。僕は釣り竿を握って水際に立ち、浮きの様子を見守っていた。そのとき、誰かが呼ぶ声がした。僕は、浮きを水中に浮かべたまま、釣り竿を芝生の上に置いてその場を離れた。数分後に戻ってみると、何かが釣り糸を竿ごと湖に引き込もうとしているのがわかった。釣り竿が伸び過ぎた草の間を勢いよく滑っていき、糸がピンと張っているのが見えた。

すんでのところで釣り竿をつかむと、その瞬間、糸の先で抗《あらが》う魚の、うねるような感触が伝わってきた。これはよく知っている感触だ、と思ったときには、魚は釣り糸に連なったまま睡蓮の方に向かって泳ぎ始めていた。ところがふいに魚は向きを変えて、岸のほうに戻ってきた。そして、僕が何もできずにいる間に、釣り糸は川べりにある大きな岩陰に隠れて見えなくなった。そしてそのままびくとも動かなくなった。しばらくは、何も起こらなかった。糸は張ったままで、その向こうで魚が身悶《みもだ》えする手応《てごた》えがかすかに感じられるだけだった。糸を引く力を緩めたり強めたりしてみたけれど、釣り竿が葦の茎のようにしなるばかりだった。立ち位置を変えて別の角度から引っ張ってみたり、ナイロンの糸がきしむほど強く引いたりもした。この状況を脱する道は二つしかなく、どちらにせよ、あまりいいことはない、と考えた僕は、小さく悪態をついて両膝《りょうひざ》をつき、糸をしっかりつかんだまま、濁った水の中をのぞきこんだ。

それは間違いなくウナギだった。というのも、僕はそれを見たから。それは、暗い水底から身をくねらせながらゆっくりと現れて、僕のほうに向かってきた。薄い灰色の大きなウナギで、目はボタンのように真っ黒で、まるで僕がちゃんと見ているかどうかを確かめるかのように、その目で、僕のほうをじっと見つめていた。僕は釣り糸を手から離し、すると釣り針が水面に浮き上がってくるのと同時に、ウナギが水面まで浮かび上がってきた。と思うと、再びウナギは向きを変えて、深い水底へとすばやく姿を消してしまった。

　しばらくの間、僕は水際にただじっと座っていた。あたりは静まり返り、湖はさざ波一つ立てない。太陽の眩《まぶ》しい光が湖面全体を白く輝かせ、その下にあるものはすべて、まるで鏡の向こうの世界のように隠されていた。湖の底に何があるかは、誰も知らない秘密だった。しかし今や、その秘密は僕の秘密でもあった。

訳者あとがき

本書は、スウェーデンのジャーナリスト、パトリック・スヴェンソンの初めての著書『Ålevangeliet（The Gospel of Eels）』の英訳版の日本語訳である。翻訳の底本にはアメリカ版の『The Book of Eels: Our Enduring Fascination with the Most Mysterious Creature in the Natural World』（HarperCollins）を用いた。

スウェーデン語の原作は、二〇一九年にスウェーデンでもっとも権威ある賞、August Prize をノンフィクション部門で受賞している。たいへんな人気を博していて、二〇二〇年一一月現在、原書は一六万九千部を売り上げている、とのことである。

アメリカ版も、2020 National Outdoor Book Award をナチュラル・ヒストリー部門で受賞。2021 Andrew Carnegie Medals for Excellence ノンフィクション部門の候補作ともなった。

「ニューヨーク・タイムズ」、「ワシントン・ポスト」、「パブリッシャーズ・ウィークリー」など、数々の新聞・雑誌の「注目すべき本」にも選ばれている。

また本書は、ドイツ、ハンガリー、イタリア、ラトビア、中国、エストニアなどさまざまな言語に翻訳されている。

この本に寄せられた書評のなかから一つ、アメリカの書評誌「カーカス・レビュー」のものを紹介したい。本書の本質をうまく捉《とら》えて伝えているのではないかと思う。

「謎《なぞ》に包まれたウナギの一生について書かれた本書は、同時に、意識や信じることの意味について、また時間、光と闇《やみ》、生と死について深く考えさせる本でもある……（著者のスヴェンソンは）この魅惑的な生物を絶滅の危機から救うためには、人類はウナギのことをもっとよく知る必要がある、と警告する。そして本書は、ウナギを知るための格好の入門書である。感傷に傾かないネイチャー・ライティングが、ウナギだけでなく人間の姿をも見事に描き出している」

ところで、この書評にある「謎に包まれたウナギの一生」、とはどういうことなのだろう？

日本人にとっては、ウナギは昔から高価だが馴染《なじ》みのある身近な食材だ。だから、底本を読んだとき、ウナギがあまりにも長い間謎に包まれた存在であったことを知ってとても驚いた。

じつは、アリストテレスが「ウナギは泥から生まれる」と論じて以来、ウナギはずっと謎の存在であり続けている。アリストテレス以降も、ウナギの分泌物《ぶんぴつぶつ》や、体から剝《は》がれ落ちた組織から新たなウナギが生まれる、などの珍説が唱えられた。有名無名の大勢の科学者がウナギの謎に夢中になり、「ウナギは自然発生するのか？」、「ウナギに雌雄の区別はあるのか？」、「ウナギは胎生なのか、卵生なのか？」等のウナギの生殖の方法に関する謎について意見を戦わせ、自説が正しいことを証明しようと躍起になった。それにもかかわらず、ウナギの卵巣《らんそう》と卵が発見されて自然発生説が否定されたのは一八世紀になってからであり、デンマークの海洋生物学者ヨハネス・シュミットが、二〇年の歳月を費やしてようやくウナギの繁殖地がサルガッソー海であるという結論に達したのは一九二三年、つまり二〇世紀になってからなのだ。

そして今もなお、ウナギの謎は残されている。というのも、シュミットが自説の根拠としたのは、その海域で誕生間もないと思われるレプトセファルス幼生を捕獲したからであって、繁殖地とされるサルガッソー海でじっさいに産卵中のウナギを見た人はおらず、卵も発見されていないからだ。

本書は、「ウナギの謎」とそれを取り巻く人々についてのノンフィクションらしい明解な筆致で書かれた章と、著者と父親とのウナギ釣りの思い出をより叙情的に語る章が交互に進んでいく構成になっている。

読者は、「ウナギの謎」に魅せられた人々によって、その謎が少しずつ解き明かされてきた歴史をたどるのと並行して、よく知っているつもりだった父親の隠された、あるいは気づけなかった側面に、著者自身が気づいていく様子を見守ることになる。

ここで、著者について少し紹介しておきたい。

著者、パトリック・スヴェンソンはスウェーデンのスコーネ地方のいなか町で育った。両親も、親戚《しんせき》も隣人もみな労働者階級の人々で、勉強したり本を書いたりすることよりも、ウナギ釣りのほうが似合う場所だった、と著者自身が述べている。

父親と楽しんだウナギ釣りがきっかけで魚に興味をもつようになり、魚の本を読みたくて文字を覚え、やがて故郷を離れて大学に通い、新聞記者となった著者は、謎に包まれたウナギの一生について、そして父との大切な思い出であるウナギ釣りについて、いつか本を書きたいと考えていた。そして本を書くことによって、故郷を遠く離れていた自分自身が故郷へ戻る道を見つけることができた、と言う。

本書を読んでみると、サルガッソー海で生まれるとすぐに、海流に何千キロも流されてヨーロッパ沿岸にたどり着き、川を遡上《そじょう》し、淡水の暮らしに馴染み、やがて時が来ると生まれた場所を目指して大海原を何千キロも旅するウナギの姿に、著者が自分の姿を投影しているのがわかる。

いわば故郷と父親を捨てて、父親とは共有できないジャーナリズムの世界で暮らしていた著者が、父の病をきっかけに故郷に戻り、かつてはわからなかった父の思いや、自分にとって故郷が大きな意味をもっていることに気づいていく姿が、長い回遊の果てに生まれた海へと帰るウナギの姿と重なって見える。

「ウナギはどこから来て、どこへ向かうのか」というウナギの謎が、「人生の意味」、「生とは」、「死とは」という誰もが一度は胸に抱く根源的な問いへとつながっていく。ウナギについての科学読物としての面白さがあるだけでなく、人生を深く考えさせる本でもある。

最後に、最近になって、ウナギの産卵場について新たな説が出てきたことをお伝えしておきたい。

二〇二〇年一〇月、海洋研究開発機構が、大西洋ウナギ（ヨーロッパウナギとアメリカウナギの総称）の産卵場について、長年の定説であったサルガッソー海より東の、大西洋中央海嶺《かいれい》付近にある可能性も高い、と発表した。

太平洋では、ニホンウナギの産卵場がマリアナ海嶺の海山であることが、東京大学などによってすでに確認されている。そこは南北に伸びる海嶺と、東西に分布する水温と塩分の急変部が交差する場所であり、この知見をもとに、大西洋でも同様の場所を探した結果、大西洋ウナギの産卵場として新たな海域を特定できた、ということである。

この発表からは、ウナギの謎を解く試みが、今もなお続けられていることがわかる。そして、人類がウナギの真実にゆっくりとではあるが着実に近づきつつあることも。本書で著者が指摘しているように、絶滅の危機にあるウナギを守るためには、ウナギをよく知ることが必要で、これはウナギのためにもなる素晴らしい科学的発見である。

その一方で、訳者は今、長年にわたりサルガッソー海だとされてきたウナギの産卵場が別の場所である可能性が出てきたことを、少し残念に感じている。謎が謎でなくなることを惜しむ気持ちがある。おそらくそれは、著者も言っているように、謎には人を魅了する力があるからで、訳者もまた、ウナギの謎に魅了されてしまったのかもしれない。

本書を翻訳するにあたっては、新潮社ノンフィクション編集部の内山淳介《じゅんすけ》さん、また校閲を担当された加地麻子さんに大変お世話になりました。ここに記して感謝を申し上げます。

二〇二〇年一二月

大沢《おおさわ》章子《あきこ》

解説

池澤夏樹

世界図には主観的なものと客観的なものがある。

前者は人のつながりならば自分から始まって家族、友だち、近所の人、親戚《しんせき》などを経て世間一般に至り、その先には会うことはない著名な人の名がある。地理としては家の周りからだんだんに遠いところへ行って、最後は世界地図。

後者はいわば鳥瞰《ちょうかん》。いったん自分というものを離れて、地理と歴史と文化のぜんたいを知識によって描こうとする。

この二つは相互に補い合ってあなたの世界の全体図になる。

そこで一つの主題を設定しよう。

例えばウナギ。

ウナギ？

そうなのだ、この本の場合は。

一九七二年にスウェーデンの田舎に生まれた少年にとってウナギは父に連れられて川へ釣りに行く魚だった。他のコイやウグイの仲間とまるで違う変な形の魚。それをまずははえなわで捕る。後には他の漁法も試みる。獲《と》れたウナギは目の前にある。ばたばた暴れ、首根っこを摑《つか》むとこちらの腕に絡《から》みつく。目と目が合う。一種の親しみが生じる。

　自分の体験を出発点として著者はこの奇妙な魚についての人類の知見を古代まで遡《さかのぼ》って辿《たど》り直す。西洋のウナギ学の開祖はアリストテレスだ。この偉大な学者は世界にあるすべてのものを記述しようとした。純粋な好奇心であって、薬効に導かれる中国の本草学《ほんぞうがく》とは異なる。

　それにしても、世界にあるすべてのものを記述するという意志はどうして生まれたのだろう。彼は実物の標本を集め（魚類ならば漁師が協力した）、解剖し、文献を集め、一つまた一つと形態と生態を明らかにしてゆく。この過程で種という概念が生まれた。ヒツジとヤギは異なる。種が異なればハイブリッドは生まれないし、生まれても一代限り（ラバとか）。

　今に残る命名で言えば、ウニの口器は「アリストテレスの提灯《ちょうちん》」と呼ばれる。星形のその部分を彼はランタンになぞらえた。二千四百年ずっと続いてきた名である。

で、ウナギ。
内陸の川や沼に生息している。しかしそこで繁殖している形跡はない。雌雄の区別もないようだ。発生が謎《なぞ》である。普通ならば生まれたては小さくて、しかし親と同じ形。それがだんだん大きくなる。だが小さなウナギは誰も見たことがない。そこで泥の中から自然発生するなどの俗説がたくさん生まれた。

最終的にこれを否定したのはパストゥールである。アリストテレスからざっと二千二百年後のこと。彼は生物は生物からしか生まれないことを立証した。では最初の生物は、という問いはまた別の話としよう。

ウナギが内陸の川や沼で生まれるのでないとしたらどこから来たか？

回遊する魚がいることはわかっていた。鮭《さけ》は時期になると海から川に帰ってくる。川を遡《そ》行《こう》して上流で交尾し産卵する。孵《かえ》った稚魚は少し大きくなると川を下って海に行く。そして数年して戻って来る。あれだけ大きな魚が大挙して河口に押し寄せるのだから、熊《くま》も人も捕り放題。これが人類にとってどれほどの恩恵だったか想像してみよう。さらには産卵を終えた個体はその場で死んで海のミネラル分を山に残す。

昔の人が知らなかったのが魚の性転換である。クロダイは四歳くらいまではみな雄でその後で雌になる。したがってクロダイの夫婦は姉さん女房ばかり。

近年になってウナギには内陸にいるかぎり性の区別がないことがわかった。ある期間を川か沼で過ごすと体内でホルモンのスイッチが入る。彼らはちょうど渡りの時期を迎えた鳥のようにそわそわしはじめ、海の遥《はる》か先への困難な旅路に就く。その途中でようやく性的成熟が始まる。

著者が強調するとおり、ウナギの生態はあまりに謎めいていた。人間の推測をことごとく躱《かわ》して遠い深海に隠れて産卵する（らしい）。大西洋の場合はサルガッソー海だというが今に至っても確定してはいないようだ。

旅をする動物は多い。ザトウクジラは南極近くやアラスカの近海で大量のオキアミを食べて栄養を体内に蓄え、赤道に近い温かい海で出産と育児をする。オオミズナギドリは日本近くの無人島に巣を作って雛《ひな》を孵して育て、飛べるようになるとオーストラリアの近くまで長い渡りをしてそこの海上で暮らす。陸地に降りるのは巣作りの時だけ。

それにしてもウナギは、とため息が出る。

スヴェンソンは動物を殺すことについて書いている。食べるために獲ったウナギだから殺す。同じように豚も屠《ほふ》る。

ぼくは動物が殺される場面を初めて間近に見たのがウナギだったことを思い出した。小学生の時、住んでいた町の商店街に鰻屋《うなぎや》があった。店頭に水槽があってウナギがたくさん泳いでいた。店の人が出てきて一尾を捕まえ、店の中のガラス張りのところにある大きな俎板《まないた》の上で捌《さば》く。くねるウナギをまず首のところを太い錐《きり》で固定し、尾の方を押さえてそのまま包丁で切り開く。それでもウナギは動いていた。中骨を取り、肝を取り、開きにした上で頭を落とす。

その時はびっくりして見るばかり。店に入って食べようとは親は言わなかった。うちは貧しかったのだ。

何十年か後、同じような光景を料理屋のカウンター越しに見た。その時はハモで、ウナギの何倍も大きく、暴れかたも一入《ひとしお》。それを板前は手慣れた動きで捌いて、しばらく後には魚は骨切りされ湯がかれて梅肉と共にぼくの目の前に置かれた。

この本について日本人の読者は一種の偏見を強いられる。

ヨーロッパのウナギ料理はいろいろ紹介されているけれど、しかし「鰻」は我々にとっては別格の食材なのだ。言ってみれば感謝祭のターキーに当たるのが土用丑《うし》の日の鰻であって、そこまで限定しなくてもちょっと奢《おご》った晴れの日の選択肢の第一。蒲《かば》焼《や》きという調理法は他を圧倒していると我々は信じている。もったいなくてジェリーになんかできるものか。

姿が不気味？　蛸《たこ》も烏賊《いか》も食べる我々には鰻など素直な姿の魚の一種でしかない。

男の子と父の仲というのはなかなか難しいものだが、この二人の場合はとてもうまく行った事例と見える。ウナギが繋《つな》いだ。

父は一九四七年生まれ。実直な道路工事労働者で、経済成長の恩恵を受けた世代である。それまでとは違う住み心地のよい家を得られた。その一方で道路工事はアスファルトに由来する病気をもたらした。

息子は別の生きかたを選んだ。その成果がこの本である。

父の性格がいい。自分の生きかたを知る男で迷いがない。日々を着実に過ごしながら時おり冒険する。それがウナギ釣りとか。

この父には自分なりの倫理観がある。ウナギ獲りでいえばフェアでない方法をいくつか試みるけれど、だいたいは一度で止《や》める。ウナギに対して公正でないと思うのだ。英語の game は本来は猟の獲物のことである。fair game とは獲ることが倫理に叶《かな》う獲物のこと。

それを息子はしっかりと受け継いだ。

かくして、パトリック・スヴェンソンの世界図はウナギによって完成された。

二〇二三年六月、安曇野《あずみの》

（作家）

Recordings During Withdrawal of Life-Sustaining Therapy until 30 Minutes after Declaration of Death." *Canadian Journal of Neurological Sciences* 44, no. 2 (March 2017): 139–45, https://doi.org/10.1017/cjn.2016.309.

Snaprud, Per. "Dödsögonblicket i hjärnan." *Forskning och framsteg*, September 2011.

Svensson, Martina. "Min släktsaga." School paper, Klippans gymnasium, 2006.

pean Eel Decline?" *Fisheries Oceanography* 3, no. 3 (September 1994): 197–204, https://doi.org/10.1111/j.1365-2419.1994.tb00097.x.

Castonguay, Martin, and Caroline M. F. Durif. "Understanding the Decline in Anguillid Eels." *ICES Journal of Marine Science* 73, no. 1 (January 2016): 1–4, https://doi.org/10.1093/icesjms/fsv256.

Gärdenfors, Ulf. *IUCN: s manual för rödlistning samt riktlinjer för dess tillämpning för rödlistade arter i Sverige*, 2005.

Hume, Julian P. "The History of the Dodo *Raphus cucullatus* and the Penguin of Mauritius." *Historical Biology* 18, no. 2 (2006): 69–93.

Jacoby, D. and M. Gollock, "On the European Eel." www.iucnredlist.org.

Melville, Alexander, and Hugh Strickland. *The Dodo and Its Kindred; or, The History, Affinities, and Osteology of the Dodo, Solitaire, and Other Extinct Birds of the Islands Mauritius, Rodriguez, and Bourbon*. London: Reeve, Benham, and Reeve, 1848.

Steller, Georg Wilhelm. "Steller's Journal of the Sea Voyage from Kamchatka to America and Return on the Second Expedition, 1741–1742." *American Geographical Society Research Series* 2 (1925).

Tremblay, V., C. Cossette, J. D. Dutil, G. Verreault, and P. Dumont. "Assessment of Upstream and Downstream Passability for Eels at Dams." *ICES Journal of Marine Science* 73, no. 1 (January 2016): 22–32, https://doi.org/10.1093/icesjms/fsv106.

Wake, David, and Vance Vredenburg. "Are We in the Midst of the Sixth Mass Extinction? A View from the World of Amphibians." *Proceedings of the National Academy of Sciences* 105 (August 2008): 11, 466–73.

18　サルガッソー海で

Norton, L., R. M. Gibson, T. Gofton, et al. "Electroencephalographic

Lear, Linda. *Rachel Carson: Witness for Nature*. New York: Henry Holt, 1997.

15　故郷への長い旅路

Inoue, Jun G., Masaki Miya, Michael Miller, et al. "Deep-Ocean Origin of the Freshwater Eels." *Biology Letters* 6, no. 3 (June 2010): 363-66.

Munk, Peter, Michael M. Hansen, Gregory E. Maes, et al. "Oceanic Fronts in the Sargasso Sea Control the Early Life and Drift of Atlantic Eels." *Proceedings of the Royal Society* B 277 (June 2010): 3593-99.

Righton, David, Håkan Westerberg, Eric Feunteun, et al. "Empirical Observations of the Spawning Migration of European Eels: The Long and Dangerous Road to the Sargasso Sea." *Science Advances* 2, no. 10 (October 2016): https://doi.org/10.1126/sciadv.1501694.

Tesch, Friedrich-Wilhelm. *Der Aal: Biologie und Fischerei*. Hamburg: P. Parey, 1973.

——. "The Sargasso Sea Eel Expedition 1979." *Helgoländer Meeresuntersuchungen* 35, no. 3 (September 1982): 263-77.

16　愚か者になる

Jerkert, Jesper. "Slagrutan i folktro och forskning." *Vetenskap eller villfarelse*. Edited by Jesper Jerkert and Sven Ove Hansson. Stockholm, Leopard förlag, 2005.

17　絶滅の危機に瀕するウナギ

エリザベス・コルバート『6度目の大絶滅』鍛原多恵子訳、NHK出版、2015年

ジョーゼフ・ヘラー『キャッチ=22〔新版〕』上下、飛田茂雄訳、ハヤカワepi文庫、2016年

Castonguay, Martin, Peter V. Hodson, Christopher Moriarty, et al. "Is There a Role of Ocean Environment in American and Euro-

11　気味悪いウナギ

ヴィアン『うたかたの日々』野崎歓訳、光文社古典新訳文庫、2011年
ウンベルト・エーコ編著『醜の歴史』川野美也子訳、東洋書林、2009年
ギュンター・グラス『ブリキの太鼓（池澤夏樹＝個人編集 世界文学全集 II-12）』池内紀訳、河出書房新社、2010年
グレアム・スウィフト『ウォーターランド』真野泰訳、新潮クレスト・ブックス、2002年
『フロイト全集〈17〉1919-22年—不気味なもの：快原理の彼岸：集団心理学』須藤訓任・藤野寛訳、岩波書店、2006年
『ホフマン短篇集』池内紀編訳、岩波文庫、1984年
Friedman, David M. *A Mind of Its Own: A Cultural History of the Penis*. New York: Free Press, 2001.
Jentsch, Ernst. *Zur Psychologie des Unheimlichen*. Psychiatrisch-Neurologische Wochenschrift, 1906.
Myśliwiec, Karol. *The Twilight of Ancient Egypt: First Millennium B.C.E.* Translated by David Lorton. Ithaca, NY (state): Cornell University Press, 2000.
Nilsson Piraten, Fritiof. *Bombi Bitt och jag*. Stockholm: A. Bonnier, 1932.
Winslow, Edward, and William Bradford, *Mourt's Relation: A Journal of the Pilgrims at Plymouth*. London: John Bellamie, 1622.

13　海の中で

レイチェル・カースン『われらをめぐる海』日下実男訳、ハヤカワ文庫 NF、1977年
レイチェル・カーソン『沈黙の春』青樹簗一訳、新潮文庫、1974年
トマス・ネーゲル『コウモリであるとはどのようなことか』永井均訳、勁草書房、1989年
Jabr, Ferris. "The Person in the Ape." *Lapham's Quarterly* 11, no. 1 (Winter 2018).

5　ジークムント・フロイトとトリエステのウナギ

Cairncross, David. *The Origin of the Silver Eel—With Remarks on Bait & Fly Fishing*. London: G. Shield, 1862.

Eigenmann, Carl H. "The Annual Address of the President:The Solution of the Eel Question." *Transactions of the American Microscopical Society* 23 (May 1902).

Freud, Sigmund. *The Letters of Sigmund Freud to Eduard Silberstein, 1871-1881*. Edited by Walter Boehlich. Cambridge, MA: Belknap Press, 1990.

Simmons, Laurence. *Freud's Italian Journey*. Amsterdam: Rodopi, 2006.

Whitebook, Joel. *Freud: An Intellectual Biography*. New York: Cambridge University Press, 2017.

7　ウナギの繁殖地を発見したデンマーク人

Garstang, Walter. *Larval Forms and Other Zoological Verses*. 1951.

Grassi, Giovanni Battista. "The Reproduction and Metamorphosis of the Common Eel (*Anguilla vulgaris*)." *Proceedings of the Royal Society of London*, January 1896.

Poulsen, Bo. *Global Marine Science and Carlsberg: The Golden Connections of Johannes Schmidt (1877-1933)*. Boston: Brill, 2016.

Schmidt, Johannes. "The Breeding Places of the Eel." *Philosophical Transactions of the Royal Society of London* 211 (1923), 179-208.

Tsukamoto, Katsumi, and Mari Kuroki, eds. *Eels and Humans*. New York: Springer, 2014.

9　ウナギを釣る人々

www.alarv.se.

www.alakademin.se.

Schweid, Richard. *Consider the Eel: A Natural and Gastronomic History*. Chapel Hill: University of North Carolina Press, 2002.

出典

※和訳のあるものは和訳を示した。また、同じ文献は初出の章に記載した。

詩の引用

『シェイマス・ヒーニー全詩集1966〜1991』村田辰夫ほか訳、国文社、1995年（「闇への入口」ネエ湖連詩より）

1　ウナギ

レイチェル・カーソン『潮風の下で』上遠恵子訳、岩波現代文庫、2012年

3　アリストテレスと泥から生まれるウナギ

アリストテレース『動物誌』上下、島崎三郎訳、岩波文庫、1998年・1999年

アイザック・ウォルトン『完訳 釣魚大全』森秀人訳、角川選書、1974年

ホメロス『イリアス』上下、松平千秋訳、岩波文庫、1992年

『聖書　新共同訳』共同訳聖書実行委員会、日本聖書協会、1987年

Lennox, James. “Aristotle’s Biology.” In *Stanford Encyclopedia of Philosophy*. Stanford University, Metaphysics Research Lab, Center for the Study of Language and Information. Revised January 31, 2017. https://plato.stanford.edu/entries/aristotle-biology/.

Marsh, M. C. “Eels and the Eel Question.” *Popular Science Monthly* 61 (September 1902).

Prosek, James. *Eels: An Exploration, from New Zealand to the Sargasso, of the World’s Most Mysterious Fish*. New York: Harper, 2010.

Schweid, Richard. *Consider the Eel: A Natural and Gastronomic History*. Chapel Hill: University of North Carolina Press, 2002.

この作品は二〇二一年一月新潮社より刊行された。

J・B・テイラー
竹内薫訳

奇跡の脳
—脳科学者の脳が壊れたとき—

ハーバードで脳科学研究を行っていた女性科学者を襲った脳卒中——8年を経て「再生」を遂げた著者が贈る驚異と感動のメッセージ。

M・デュ・ソートイ
冨永星訳

素数の音楽

神秘的で謎めいた存在であり続ける素数。世紀を越えた難問「リーマン予想」に挑んだ天才数学者たちを描く傑作ノンフィクション。

R・ウィルソン
茂木健一郎訳

四色問題

四色あればどんな地図でも塗り分けられるか？ 天才達の苦悩のドラマを通じ、世紀の難問の解決までを描く数学ノンフィクション。

D・オシア
糸川洋訳

ポアンカレ予想

「宇宙の形はほぼ球体」!? 百年の難問ポアンカレ予想を解いた天才の閃きを、数学の歴史ドラマで読み解ける入門書、待望の文庫化。

B・ブライソン
楡井浩一訳

人類が知っていることすべての短い歴史（上・下）

科学は退屈じゃない！ 科学が大の苦手だったユーモア・コラムニストが徹底して調べて書いた極上サイエンス・エンターテイメント。

T・トウェイツ
村井理子訳

ゼロからトースターを作ってみた結果

トースターくらいなら原材料から自分で作れるんじゃね？ と思いたった著者の、汗と笑いの9ヶ月！（結末は真面目な文明論です）

Title : ÅLEVANGELIET (THE GOSPEL OF EELS)
Author : Patrik Svensson

First published by Albert Bonniers Förlag, Stockholm, Sweden
Published in the Japanese language by arrangement with Bonnier Rights, Stockholm, Sweden and Tuttle Mori Agency, Tokyo.

ウナギが故郷《こきょう》に帰《かえ》るとき

新潮文庫　シ－38－28

Published 2023 in Japan
by Shinchosha Company

令和五年八月一日発行

訳者　大《おお》沢《さわ》章《あき》子《こ》
発行者　佐藤隆信
発行所　株式会社新潮社
郵便番号　一六二―八七一一
東京都新宿区矢来町七一
電話 編集部(〇三)三二六六―五四四〇
読者係(〇三)三二六六―五一一一
https://www.shinchosha.co.jp

価格はカバーに表示してあります。

乱丁・落丁本は、ご面倒ですが小社読者係宛ご送付ください。送料小社負担にてお取替えいたします。

印刷・株式会社三秀舎　製本・株式会社植木製本所

ISBN978-4-10-220171-8 C0145